U0290510

广播电视节目制作
之After Effects实战

庞博 李艳 编著

电子工业出版社·
Publishing House of Electronics Industry
北京·BEIJING

内 容 简 介

本书是作者十余年广播电视节目后期制作经验的总结，内容丰富、翔实，讲解由浅入深，通过After Effects 的实战案例介绍其使用技巧，并解读了它在电视节目后期制作中的重要作用，是一本注重理论结合实战的教程。

本书内容分为4篇，第1篇基础知识，阐述了广播电视节目制作发展到4K超高清技术的各个关键点。第2 篇功能与技巧，以实际工作为切入点，介绍了After Effects各种基础功能，以及在节目后期制作中的使用技巧，并结合案例做了工作流程的解析。第3篇特效插件，选取了10个节目制作中非常实用的插件进行讲解，并结合案例分析了应用效果。第4篇硬件，从硬件的角度介绍了电视节目制作发展的现状。

本书既可以作为专业课程的实训教材，也可以作为自学参考书，还适合从事广播电视节目后期制作的从业人员阅读。

图书在版编目（CIP）数据

广播电视节目制作之 After Effects 实战 / 庞博，李艳编著. —北京：电子工业出版社，2021.10
ISBN 978-7-121-42231-7

Ⅰ. ①广… Ⅱ. ①庞… ②李… Ⅲ. ①图像处理软件—高等学校—教材 Ⅳ. ①TP391.413

中国版本图书馆 CIP 数据核字（2021）第 210137 号

责任编辑：冉　哲　　文字编辑：底　波
印　　　刷：北京虎彩文化传播有限公司
装　　　订：北京虎彩文化传播有限公司
出版发行：电子工业出版社
　　　　　　北京市海淀区万寿路 173 信箱　　邮编 100036
开　　本：787×1 092　1/16　印张：20.75　字数：530 千字
版　　次：2021 年 10 月第 1 版
印　　次：2023 年 8 月第 3 次印刷
定　　价：95.00 元

凡所购买电子工业出版社图书有缺损问题，请向购买书店调换。若书店售缺，请与本社发行部联系，联系及邮购电话：（010）88254888，88258888。

质量投诉请发邮件至 zlts@phei.com.cn，盗版侵权举报请发邮件至 dbqq@phei.com.cn。

本书咨询联系方式：ran@phei.com.cn。

随着移动互联网技术的发展，广播电视节目制作行业在信息传播的速度和深度上都有了长足的进步。电视技术从模拟到数字，从标清到高清仅用了短短几年的时间，如今 4K 技术已经基本普及，广播电视节目从内容到视听享受、传播速度等方面都得到了全方位的提升。新技术的应用，无论是碎片化的移动端，还是家庭影院的普及，都让万千观众有了全新的体验。

在广播电视节目制作行业的转型升级过程中，有更多的技术应用其中，中央广播电视总台关于 5G+4K/8K+AI 媒体融合战略的实施，让节目制作人才的需求量激增。软/硬件不断创新发展，为更好的视听效果提供了载体。节目制作对制作人员的要求是综合性的，从基本的软/硬件知识，到剪辑理念、平面设计、视频合成、三维模型、调色技巧等，再到对艺术的理解、形式的表达等，都有较高的要求。

广播电视节目制作行业随着产业结构的调整，需求结构的变化，生产技术的创新，发展空间越来越广阔，4K/8K、4G/5G、AI、AR/VR 等创新应用层出不穷。直播、短视频、H5 动画、GIF 动图、MG 动画等小屏端的视频，是未来宣传重要的途径。节目后期制作可以分为两个方向：一个是编辑类，包括后期剪辑和音频编辑，其中还可以细分为电影、电视剧、栏目、纪录片、晚会、综艺节目等；另一个是创意类，包括合成、角色动画、漫游动画、包装动画、手绘、Flash 动画等。这些都给从业人员提供了多样化的发展空间。

本书内容分为 4 篇，第 1 篇基础知识，阐述了广播电视节目制作发展到 4K 超高清技术的各个关键点。第 2 篇功能与技巧，以实际工作为切入点，介绍了 After Effects 各种基础功能，以及在节目后期制作中的使用技巧，并结合案例做了工作流程的解析。第 3 篇特效插件，选取了 10 个节目制作中非常实用的插件进行讲解，并结合案例分析了应用效果。第 4 篇硬件，从硬件的角度介绍了电视节目制作发展的现状。

精诚所至，金石为开，相信大家通过不断努力，可以在自己喜爱的专业方向上打造一个个奇迹，创造出人生的精彩。

作者简介
ABOUT THE AUTHORS

庞博，中央广播电视总台技术局高级工程师，北京航空航天大学软件工程硕士，从事广播电视节目后期制作工作十余年，负责超高清制作岛 3 系统工程建设，精通节目包装制作流程、大型晚会后期制作流程及纪录片制作流程，多次参与制作总台重点大型节目，包括《春节联欢晚会》《元宵晚会》《五一晚会》《六一晚会》《七夕晚会》《教师节晚会》《中秋晚会》《国庆晚会》《跨年晚会》，以及纪录片《东方主战场》《我们一起走过》《将改革进行到底》《故宫》《再说长江》《香港十年》等。

李艳，中央广播电视总台技术局高级工程师，北京航空航天大学软件工程硕士，负责高清异构平台、融合媒体、多通道收录制作、4K 新技术的测试与论证。在高端制作岛 5 的建设工作中，负责系统的设计、测试与实施部分，以及负责高端制作岛 5 和超高清制作岛 3 的网络管理，精通各类节目制作流程，多次参与制作总台重点大型节目，包括《春节联欢晚会》《五四青年节特别节目》《国庆特别节目》《心连心》《好记者讲好故事》《重阳特别节目》《上合组织青岛峰会灯光焰火晚会》《深圳经济特区成立40 周年文艺晚会》《庆祝浦东开发开放 30 周年文艺晚会》《故宫》《大三峡》《星光大道》《直通春晚》等。

目录
CONTENTS

第 4 篇　硬　　件

第1篇

基础知识

第1章　视频处理基础知识

1.1　HDR

近年来在广播电视行业应用最多的技术莫过于 4K（4K 属于超高清分辨率），而 HDR（High-Dynamic Range，高动态范围）在 4K 中的应用凸显了视觉效果。HDR 的应用范围非常广泛，包括摄影、视频、图像等。HDR 遵循独有的一套光电转换机制，即光信号与电信号之间的转换。在拍摄的时候，将真实的场景以数字信号的形式保存为图像，这就是光电信号转化的过程。

HDR 与 SDR（Standard Dynamic Range，基本动态范围）相比，更能够使用更广的色彩范围，更高的亮度上限和更低的亮度下限，同时还包括对比度的提升，灰度分辨率的提升，能够给观众带来更具沉浸式的空间感受，在终端电视的画质提升效果上是非常直观的。完美呈现 HDR 的两个条件是高对比度和广色域的支持，使用的专业监视器亮度可以达到 1000cd/m^2（行业惯用的亮度单位为 nit，中文为尼特）的亮度，对比度可以达到 1000000：1。

HDR 可以根据场景的明暗对比，把高动态范围的画面亮度非线性地映射到显示器能显示的低动态范围内，尽可能保留明暗对比细节，使其最终呈现的效果更加逼真。首先，摄像机会将整个拍摄的场景渲染到浮点纹理上，然后利用 HDR 的色调映射（Tone-Mapping），在对图像的对比度进行大幅度衰减的同时，将画面的亮度调整到可显示的范围，并保持画面的细节和颜色，把高动态范围的浮点像素映射到低动态范围的存储中。整个色调映射过程分为 4 步：①调整画面亮度；②计算缩放因子；③压缩画面中的高亮部分；④局部调整加亮或加深，就是让偏亮部分的局部暗一些，偏暗部分的局部亮一些，这样做可更好地保存画面的细节部分。接着渲染泛光（Bloom）效果。泛光效果是指在强光源的边缘会产生一圈光晕的效果，并影响它周围的物体，相当于对高亮部分添加高斯模糊滤镜的效果，最终将泛光和色调映射的结果进行叠加。

HDR 还可用于处理图像，来源于暗房使用的一种叫作减淡和加深（Dodging and Burning）的手法。经过 HDR 处理后的图像是根据多张不同曝光的图像经软件计算组合成的，无论是阴影部分，还是高光部分，都会充分保留细节的信息。

HDR 由于是新生技术，各厂商标准繁多，主流标准包括杜比公司建立的 Dolby Vision（杜比视界）标准、美国消费者协会建立的 HDR10 标准、三星公司建立的 HDR10+标准、BBC 和 NHK 联合制定的 HLG 标准、UHD 联盟建立的 UHD Premium 标准、VESA 视频电子协会发布的 DisplayHDR 标准等。广播电视行业所使用的是 HLG 标准，是由 NHK 和 BBC 联合开发的高动态范围 HDR 标准，HLG 标准不需要元数据，能够向下兼容 SDR，相比 HDR10标准，其可以在不支持 HDR 的设备上呈现出艳丽的色彩。

　　由于各厂家对 HDR 的规范都有所不同，因此影视后期制作中需要以国家广播电视总局发布的 4K 超高清电视的技术标准作为依据，其规定色域为 BT.2020，高动态范围 HLG 标准，以及亮度为 1000cd/m^2（GY/T315—2018）。

　　2012 年 ITU-R 发布了 BT.2020 标准后，2016 年 7 月又推出了 BT.2100 与 BT.2390 推荐标准，其中 BT.2100 对 HDR 画面中的参数进行了解释，BT.2390 则对 HDR 的节目制作和画面重放的推荐标准做了详细介绍。在这两项推荐标准中对 BT.2020 关于 HDR 做了补充，定义了 HDR 用于播出的两种格式，分别是 PQ（Perceptual Quantization，感知量化）和 HLG。PQ 主要通过一种非线性的电光转换函数让画面的亮度范围在指定的色彩深度下取得较大的范围，从而实现 HDR。HLG 使用单独信号流可同时兼容 HDR 和非 HDR，让普通的电视也能显示高动态范围的影像。日本采用 ITU-R BT.2020 标准，在色彩深度（也称位深）方面，由原来 BT.709 标准的 8 位（bit）增加到 10 位和 12 位，其中 10 位用于 4K 标准，12 位用于 8K 标准。

　　HLG 可以在摄像机内部直接完成 HDR 的编码，画面亮度取决于场景的曝光水平，不需要后期重新计算，简化的流程使其应用更为广泛。

　　HDR10 是美国消费电子协会于 2015 年提出的标准，完全免费，建议使用广色域 BT.2020，10 位的色彩深度。它采用 PQ，也就是 SMPTE ST 2084，以绝对值显示，并采用静态数据处理的方式。HDR10 是目前应用最广的标准，几乎所有的电视制造商都支持该标准，例如，好莱坞的电影公司大都采用 HDR10 作为蓝光格式标准，还有苹果公司的 Apple 4K 产品、Xbox One 和 PS4 也都使用 HDR10 标准。在最大亮度方面，Dolby Vision 是 10000cd/m^2，HDR10 是 1000cd/m^2，而 HLG 使用的是 1200%，因为前两者是绝对（Absolute）系统，而 HLG 是一个相对（Relative）系统，可以适配不同亮度的显示设备。例如，显示设备的最大亮度低于 ST 2084 的上限时，超出显示亮度的部分将无法被完整还原，只能通过削减画面的细节来适应显示设备的亮度范围，而 HLG 则可以自适应不同亮度范围的显示设备，能够做到不丢失细节。

Dolby Vision 标准可以说是 HDR 中的王者，需要付费使用。虽然和 HDR10 同样采用广色域 BT.2020，以及 PQ 绝对值显示，但不同的是，Dolby Vision 采用 12 位色彩深度，支持

动态元数据，能够兼容 HDR10，并对 SDR 向下兼容，可以使用非 HDR 的显示设备观看。

8 位色彩深度可以显示 1600 万种颜色，10 位色彩深度能够显示 10.7 亿种颜色，而 Dolby Vision 的 12 位色彩深度可以显示 680 亿种颜色，所以 Dolby Vision 标准能够支持更丰富的颜色显示。而动态元数据表示能够在视频场景的转换中将颜色和局部的亮度信息进行实时的修正，可以更准确地显示物体的原始状态，画面效果更佳。

Dolby Vision 在电影院线和高端家庭影院中占据非常重要的地位，再配合 Dolby 全景声，能够达到非常好的视听效果。

1.2 分辨率

像素（px）是构成画面的基本单元。图像分辨率是指每英寸（1 英寸=2.5 厘米）图像内包含多少像素。在后期制作软件中，我们经常要设定 PPI（Pixels Per Inch，像素/英寸），其值越高，存储的信息量就越多，画面清晰度也就越高。而显示分辨率是指屏幕可视面积上水平像素和垂直像素的数量。在相同的屏幕尺寸下，显示分辨率越高则要求 PPI 越高。超高清电视从 55 英寸到 100 英寸的屏幕尺寸都可以观看显示分辨率为 3840×2160 像素的视频。数字超高清 4K 解析度标准是指显示分辨率，它是 4K 标志性的指标之一，让观众能够体验到更清晰的画面。

2012 年，国际电信联盟无线电通信部门（ITU-R）颁布了面向新一代超高清（Ultra-High Definition，UHD）视频制作与显示系统的 BT.2020 标准。BT.2020 标准指出，超高清视频显示系统包括 4K（UHD-1）与 8K（UHD-2），其中 4K 的物理分辨率为 3840×2160 像素，而 8K 则为 7680×4320 像素。

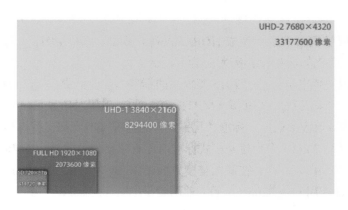

Adobe After Effects（AE）主要用来处理视频。它在视频特效和图像合成上有很大的优势，能够带来震撼的视觉效果。AE 的合成设置最大尺寸为 30000（宽度）×30000（高度）像素，可轻松支持 8K 的分辨率。当然也可以使用默认的预设，如 UHD 4K 25。在选择好预设后，可手动将帧速率修改为 50 帧/秒。

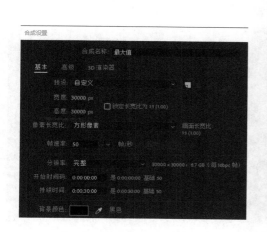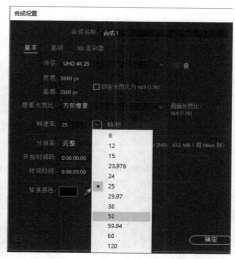

Adobe Photoshop 主要是用来处理由像素构成的数字图像。它是影视制作中必不可少的单帧编辑利器，元素抠像、单帧画面调整、效果添加、通道制作等都可以在其中完成。Photoshop 对于分辨率的设定不仅支持 4K 电视的 3840×2160 像素显示分辨率，还支持最大尺寸为 300000×300000 像素的图像，也就是说，4K 和 8K 的分辨率都可以处理。Photoshop 中 72 像素/英寸的分辨率指的就是前面讲到的图像分辨率，该设置主要是为了让显示的图像与实际打印的大小相一致。

和标清到高清的转变一样，显示分辨率的提高首先影响了模型量，因为在显示尺寸提高的同时要表现更多的细节，在制作时就会成倍地增加模型量来匹配 4K 分辨率所需的细节效果。由于模型量的增加和显示分辨率的提高，渲染所需的时间也随之加长了。三维软件中加入了空间概念，建立文件时还需要考虑对坐标系统的选择，例如，世界坐标（绝对坐标）

一般从坐标 0 开始建立模型，局部坐标（相对坐标）一般参照相对的物体建立模型。只有在渲染文件时才会选择显示分辨率的大小，3ds Max 渲染设置的最大尺寸是 32768×32768 像素。而 Cinema 4D 渲染设置的最大尺寸是 128000×128000 像素。目前在电视节目制作领域还用不到这么大的显示分辨率。

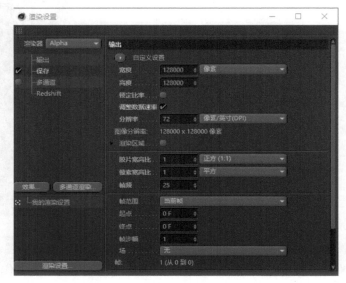

在输出图像时，还会遇到每英寸含有多少像素的问题，例如，在打印或印刷行业，图像分辨率决定了打印出来的图片清晰度。当打印尺寸确定时，图像分辨率越高，则每像素所占的尺寸越小，其精度就越高。PPI 代表像素在屏幕上的密度，PPI 越高图像就越清晰。2010年，乔布斯在推出新款 iPhone 时提出："当所拿的物体距离你 10～12 英寸（25～30 厘米）时，它的分辨率只要达到 300 PPI 这个'神奇数字'以上，你的视网膜就无法分辨出像素点了。"这个概念和 4K 电视的最佳观看距离有些相似。

PPI 是一个相对抽象的单位，用于计算机图像显示领域，主要描述图像的分辨率，与设备无关；而 DPI（Dots Per Inch，每英寸点数）主要应用于打印或印刷领域。DPI 和 PPI 的区别是，一个是打印精度，另一个是每英寸的像素数量，即像素密度。随着视频行业的井喷式发展，在数字显示领域，我们会更多地使用到 PPI，追求更高的 PPI 值，让画面精度更高且细节表现得更完美。

在制作中我们经常会遇到显示模式，其对应的显示分辨率就是水平像素数×垂直像素数，如显示模式早期使用的 VGA 对应 640×480 像素，PAL 对应 768×576 像素，WSUVGA+（WSUGA/HDTV）对应 1920×1080 像素，DCI 2K 对应 2048×1280 像素，FHD+对应 2160×1440像素，现在最常用到的 UHD 对应 3840×2160 像素的 4K 分辨率，8K UHD 对应 7680×4320像素，12K UHD 对应 11520×6480 像素。

显示分辨率越大其清晰度越高，和图像的整体像素数成正比，当然所产生的文件体积也会越大，例如，播放时间同样为 1 小时，标清 Dvcpro MOV 格式的文件占用空间为 25GB，高清 ProRes 422 MOV 格式的文件占用空间为 75GB，UHD XAVC、Op-Atom MXF 格式的文件占用空间为 270GB，8K 的 XAVC 格式的文件占用空间为 1.08TB，而 Apple ProRes 8K 格式的文件需要占用 2TB 的空间。随着显示分辨率的提升，清晰度越来越高，文件就会越来越大。

普通影院屏幕的分辨率为 2K，就是标准的 2K 数字电影联盟（DCI）定制的 2048×1080 像素显示分辨，虽然各影院播放条件不同，但是播放电影时水平方向的像素数都会大于 2000 像素。无论是 2048×1536 像素，还是 2560×1600 像素、2560×1440 像素的显示分辨率，都可以叫作 2K 分辨率。目前使用 4K 分辨率播放的影院相对较少，因其播放设备昂贵。李安导演的高帧速率电影就是以 120 帧/秒的速率播放的，即水平方向为 4096 像素，垂直方向为 2160 像素，其总像素数超过了 800 万像素。现在国内的 2K 电影一般都是以 60 帧/秒的速率来播放的，高端影院采用宽银幕放映使用 70 毫米胶片拍摄的大视野画面，其能够利用视觉空间让观众来感知画面中的远近、位置、间距等，产生出真实感和沉浸感。

1.3　帧速率

帧速率是指每秒显示的帧数，单位为帧/秒（Frames Per Second，FPS），也可以用 Hz（赫兹）表示。人眼看帧速率低于 24 帧/秒的移动物体时会有明显的卡顿感，帧速率越高越能够明显地提升画面的流畅度和逼真感，人眼可以分辨最高 75 帧/秒的高速移动物体。从前期拍摄的角度可以理解为摄像机的处理器每秒能够刷新的次数，每秒记录的帧数越多，其显示的动作效果就会越流畅，越高的帧速率带来的画面效果就越好。

电视在播放运动画面时需要 50 帧/秒的帧速率才不会有闪烁或模糊的情况，但以当时的技术水平很难达到，所以科学家利用了人眼视觉的滞留性，发明了隔行传输的方法。隔行扫描（Interlace Scanning，交错扫描）是指先把一幅画面的奇场或偶场（也是奇数/偶数）从上到下或从左到右扫描完，然后再把这幅画面的偶场或奇场（也是偶数/奇数）从上到下或从左到右扫描完。标清模拟电视每帧有 576 行，每场有 288 行，高清数字电视每帧有 1080 条水平扫描线。在播放的时候，电视会先扫描奇数的垂直画面，然后再扫描偶数的垂直画面，这样就可以有效地降低带宽的占用，但缺点也同样明显，就是运动画面的表现力会降低。

这种方法受限于初期的电视节目信号传输带宽，在隔行扫描方式中，每次传输一帧一半数量的水平行，就是将一帧拆分为两场，由于电视的余晖效应及人视觉的暂留现象，观众能够以完整的分辨率感知每一帧。所有的标清模拟电视标准使用的都是隔行扫描方式，高清数字电视标准初期也使用了隔行扫描方式，普及液晶电视后采用的是逐行扫描方式。逐行扫描（Progressive Scanning，非交错扫描）是指每幅画面都是从奇场到偶场或从偶场到奇场逐步扫描的，这样在很大程度上提升了画面的质量，尤其是在运动画面的表现方面。

帧速率这个概念起源于电影，在电影技术刚发明的年代，对于帧速率并没有统一的标准，爱迪生曾经拍摄过 40 帧/秒的电影，卢米埃尔兄弟则使用 16 帧/秒拍摄。随着有声电影的普及，由于需要与摄影机同步录制同期声，电影的帧速率才由 16 帧/秒正式升级到 24 帧/秒，到 1929 年，24 帧/秒的标准才逐渐成为电影行业的工业生产标准。除了技术上的需求，24 帧/秒的帧速率不仅能满足画面的流畅度，还能节省大量的胶片费用，让电影的成本得到更好的控制。

提到帧速率就不得不说到制式，三种彩色电视的制式有 NTSC、PAL、SECAM 等。

（1）NTSC（National Television Systems Committee，正交平衡调幅）：采用这种制式的国家有美国、加拿大和日本等。这种制式的帧速率为 29.97 帧/秒。

（2）PAL（Phase-Alternative Line，正交平衡调幅逐行倒相）：采用这种制式的国家有中国、德国、英国和其他一些西北欧国家，这种制式的帧速率为 25 帧/秒。

（3）SECAM（法文：Sequential Coleur Avec Memoire，行轮换调频）：采用这种制式的国家有法国、苏联和东欧一些国家和地区，这种制式的帧速率为 25 帧/秒。

在 BT.2020 标准中定义了超高清视频的帧速率为 23.97 帧/秒、24 帧/秒、25 帧/秒、29.97 帧/秒、30 帧/秒、50 帧/秒、59.94 帧/秒、60 帧/秒、120 帧/秒，并且采用逐行扫描的方式。

李安导演的电影《比利·林恩的中场战事》使用的帧速率就是 120 帧/秒，在镜头快速平移或上下晃动时，仍能够将画面表现得流畅且细腻。

在节目包装工作中，也要根据 4K 的特点创作相关内容。各种合成和三维软件都会涉及帧速率的问题，例如，在 AE 的合成设置中有最高 120 帧/秒的选择；在 Cinema 4D 的渲染设置中，帧频（帧速率）的最高数值为 2500 帧/秒。

在 3ds Max 的输出压缩设置中也有 25 帧/秒、50 帧/秒、60 帧/秒等常规的帧速率设置，在自定义设置中最高可设为 512 帧/秒。

现在的数字电影大部分还是采用每秒 24 帧播放的，但其存在的问题也很明显，如镜头中物体快速移动时产生模糊不连贯的视觉感，无法呈现出清晰的轮廓，在后期剪辑遇到这种问题时就会将镜头分切，使用短促的镜头加快影片的节奏，让观众产生激烈的冲突感。2012 年好莱坞拍摄的《霍比特人 1：意外之旅》第一次使用高帧速率技术，采用了 40 帧/秒，使画面的清晰度和真实感得到了大幅度提升，得到了观众的好评。

2020 年，李安导演拍摄了 120 帧/秒的电影《双子杀手》，在高帧速率的电影中，影像画面被表现得更流畅和清晰。通过提高帧速率可以有效地减少频闪和拖尾的现象，让运动画面的效果更清晰、沉浸感更强。

然而快速移动的物体是很难被摄像机记录清楚的，移动中的物体边缘经常会出现模糊的情况，虽然在播放时这种情况并不明显，但如果需要把移动中的物体单独提取出来即蓝屏抠像时，就会带来很大困难，经常会抠不干净。因此在前期拍摄时应考虑到后期制作的难度，提高前期拍摄的视频质量，以及增加每秒播放的帧数。在设备允许的情况下增加到每秒 60～100 帧，将对后期抠像的操作带来很大便利。

1.4　量化

在 4K 技术规范中，量化是指灰度分辨率，也称为灰阶。灰度级别代表了由亮到暗的不同亮度层次，层次越多，画面的效果越细腻。8 位就是 256 个灰度级别，其所能表达的颜色数量相当于 24 位真彩色，10 位就是 1024 个灰度级别（色彩级别）。三基色混合成彩色后，量化每增加 1 位，颜色数量就会增加 8 倍。10 位就是 1024^3=1073741824（约 10.7 亿）种颜色，远远超过 8 位的 16777216（约 1600 万）种颜色。10 位表示单色彩通道具有 1024 个灰度级别，色阶范围是 0～1023，随着色彩深度的增加，色彩梯度更加平滑，色域也更加宽广。虽然人眼不能分辨超过 10 位的高动态的色彩范围，但在后期包装领域经常要用到 32 位这种高精度的色彩空间，以达到色彩损失的最小化。所谓的量化 10 位是指数字信号量化的位数，用更高的色彩深度来进行数据的有损编码，色彩深度越高，效果越好，压缩率更高。

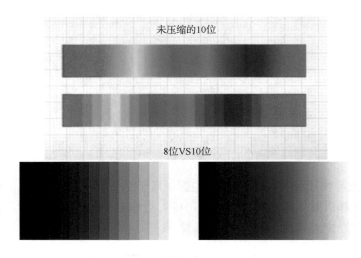

在软件的使用上，我们经常会遇到色彩深度的概念，其实是指每像素都可以显示的颜色数，一般用位（bit）为单位来描述，和我们所说的量化是一样的，只是灰度级别和色彩深度的换算方法不太一样，但可以通过所包含的颜色数量来进行对比，见下表。

色彩深度与灰度级别所包含颜色数量对比表

色彩深度	颜色数量	量化	灰度级别	对应的颜色数量	描　述
1 位	2				Monochrome 黑白
2 位	4				CGA 彩色图形适配器
4 位	16				EGA 增强图形适配器
8 位	256				VGA 视频图形阵列
16 位	65536				High Color、XGA 扩展图形阵列
24 位	16777216	8 位	256	16777216	True Color（真彩色）、SVGA 高级视频图形阵列
32 位	16777216				True Color+Alpha Channel 控制透明度特效
		10 位	1024	1073741824	4K 视频
		12 位	4096	68719476736	4K 视频/8K 视频
48 位	281474976710656	16 位	65536	281474976710656	4K 视频/8K 视频
64 位	281474976710656			281474976710656	True Color+Alpha Channel 控制透明度特效

　　目前，我们所使用的大部分图像质量都是 24 位和 32 位的，代表每个通道 8 位的 R、G、B 或每个通道的 R、G、B 与 Alpha 通道相加。而 8 位表示每个原色具有 256 个灰度级别，即 0～255 分别对应色彩从黑到白的灰度级别，简单理解就是 2^8=256 个灰度级别对应 1600 万种颜色。例如，色彩深度 24 位的图像，最多可以支持红、绿、蓝各 256 种颜色，不同的红、绿、蓝组合可以构成 256^3 种颜色，就需要 3 个 8 位的二进制数，总共 24 位，所以色彩深度为 24 位。32 位和 24 位在颜色上基本没有区别，只是填充了 8 位的 Alpha 通道的处理。而在 4K 制作中，量化 10 位换算成 RGB 颜色代表了 10.7 亿种颜色，比 24 位的 1600 万种颜色多了很多，所以需要选择每个通道为 16 位，就是 48 位的 281.47 亿种颜色。如果需要添加 Alpha 通道，就需要使用 64 位，同样，颜色数量没有增加，只是增加了 16 位的 Alpha 通道。

　　4K 的量化 10 位或 12 位，相对于 8 位有了很大提升，拥有了更高的灰度级别，12 位能够表达 687.19 亿种颜色，是 10 位的 64 倍，8 位的 4096 倍，从而使超高清电视节目具备更多的色彩层次、更精细的画面质量、更平滑的颜色过渡，能够更真实地还原原始的场景或物体。

　　除了灰度级别，画面中还包含色彩深度。在节目包装制作流程中，我们大多会从 AE 这种合成软件中最终输出成品文件。为了能够在软件的文件交互中保存最好的画质，通常我们会使用 PNG 图像序列。PNG 是一种无损压缩的图像格式，这种格式除支持 24 位、48 位色彩深度外，还支持 Alpha 通道（控制透明度），总共是 32 位，并且最高能够支持每像素 48 位的真彩色图像，或每像素 16 位的灰度图像，可为灰度图像和真彩色图像添加 Alpha 通道，更高的 96 位色彩深度还可以使用 TIFF 格式的序列文件。在存储彩色图像时，PNG 图像的色彩深度可达到 48 位真彩色图像，即数万亿种以上颜色。这种格式可支持图像亮度的 Gamma 校准信息，并且能够保存附加信息。

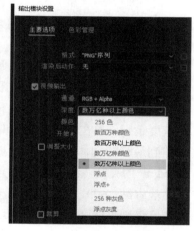

　　按照 4K 超高清节目音/视频基本技术参数中视频编码码率（比特率）为 500Mbps 的标准来衡量，由于大部分节目包装中的片头、宣传片时长都是 30s，因此这里以 30s 为例。3840×2160 像素的 PNG 图像序列总大小为 21.1GB，码率是 21.1GB×8÷30s=5.6Gbps。

　　为了节省渲染时间，也可以使用 MOV 格式的 DNxHR 编码，同样内容的素材输出 30s 所占用空间为 5.09GB，码率是 5.09GB×8÷30s=1.3Gbps。它们都能够满足节目播出的要求。无论是 PNG 图像序列还是 MOV 格式，都需要在后期剪辑软件中进行转码来得到符合播出传送要求的格式。

　　在平面和合成软件中都有明确的色彩深度设置，如 Photoshop 颜色模式中的 8 位、16 位、32 位。在 AE 的颜色设置中同样有每通道 8 位、16 位、32 位的选择。

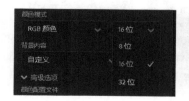

在三维软件的输出设置里，也有关于色彩深度的选择。在 Cinema 4D 中使用 TIFF 文件输出时，单通道可以选择 8 位、16 位或 32 位的深度。在 3ds Max 中，当我们用 PNG 序列图像输出时，可以选择 RGB 48 位（281 兆色）。

虽然在软件中，还提供了更高的 96 位色彩深度，能够完全保存 HDR 的光照信息，但已经超出我们肉眼所能辨别的极限，目前还无法通过软件来进行创作。

我们通常用到的显示器色彩深度是 8 位的，即 2^8 个亮度级，从黑到白有 0～255 共 256 个灰度级别，但在大自然的光照下的颜色远远超过了这个范围。现实中的亮度差，从最亮的物体到最暗的物体可以形成 10^8 个亮度级，而人眼能够观测到的是 10^5 个亮度级，大概为 $10^5 cd/m^2$ 的亮度。当需要把 10 位亮度级用 8 位模拟的方式来表示时，画面在 8 位色彩深度时虽然能容纳 1600 万种颜色，但与 10 位的单通道 1024 个灰度级别相比，8 位所提供的 256 个灰度级别可能会造成色彩断层（Banding）。因为从最暗到最亮的渐变过渡时，中间的光影阶层不够平滑，在宽范围的渐变中，同类颜色的种类太少，渐变（gradient）的表达就会出现这种明显的分割现象。

8 位渐变   8 位抖动渐变   10 位渐变

这种现象在反差相对较小的画面中会表现得比较明显，例如，镜头中的阴影部分或场景中没有光照的灰暗部分。在调色工作中 8 位的色彩深度由于灰度级别不足导致了调色效果受限，例如，在风格化或情绪颜色的表达上，没有足够的颜色赋予画面细腻的色彩过渡，可能会因为出现色彩断层而止步。在进行抠像工作时，8 位的色彩深度还可能造成被抠像物体出现边缘锯齿或闪动现象，使抠像物体无法融入背景，画面效果非常不真实。所以使用 10 位的色彩深度更适合调色或特效制作，可以将画面细节表现得更细腻，颜色的过渡也会更平滑，能够让特效融入画面以增加真实感。当然如果能够采用 RAW 格式编码，我们还可以使用 12 位、16 位等更高的色彩深度来提升画面的质量。

1.5　色域和色彩空间

色域（Color Gamut）是对一种颜色进行编码的方法，也是一个技术系统能够产生颜色的总和。色域是指色彩模式表达颜色构成的范围区域。我们常用的色域是可以在色彩空间的色度图中表现出来的，相当于这些色域都是色彩空间 CIEXYZ 的子集，通过线性的变化可以得到。

在广播电视行业的高清时代，一直使用 BT.709 色域标准。该标准于 1990 年由 ITU-R 制定。BT.709 色域基于高发光效率荧光粉性能，采用 CIE 的 D 光源（D65）为基准白，因此一般将 BT.709 作为高清电视的标准，也称高清电视色域为 BT.709 色域。

2012 年，ITU-R 颁布了面向 UHD（Ultra-High Definition，新一代超高清）视频制作与显示系统的 BT.2020 色域标准，重新定义了广播电视与消费电子领域关于超高清视频显示的各项参数指标，规范了在 4K 视频中使用 BT.2020 色域的要求。

BT.709 色域在 4K 的 BT.2020 色域中仅覆盖了 35.9%。CIE 1931 色彩空间是由国际照明委员会定义的一种色彩学标准，是一种理论上的理想色彩空间，其范围指图中的所有颜色范围，其中 BT.2020 色域覆盖了 75.8%，比高清视频多了两倍以上的色彩范围。

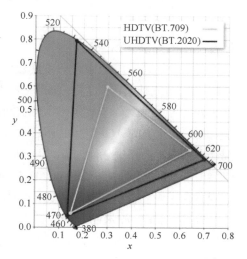

我们常见的色域还有 DCI-P3 色域，它是美国电影行业所使用的一种广色域标准。数字电影联合（Digital Cinema Initiatives，DCI）是由米高梅、迪士尼、华纳、环球、20 世纪福斯和索尼影业等多家美国的影业巨头于 2002 年成立的。DCI-P3 是目前数字电影回放设备的色彩标准之一。sRGB 色域是 1996 年由微软公司和惠普公司联合开发的。DCI-P3 色域范围较大，与 sRGB 色域相比，其红色和绿色的范围更广。虽然 DCI-P3 是数字电影行业所使用的标准，但更多的应用是在计算机、手机、iPad 上播放视频和电影，为此苹果公司带来了 Display P3 标准。它们最主要的区别是 Gamma 值的不同，sRGB 中的 Gamma 值为 2.2，而 DCI-P3

中的 Gamma 值为 2.6。由于主流的互联网内容还是使用 sRGB 色域，所以为了显示效果上的兼容性，Display P3 的 Gamma 值设定保留了 2.2。随着移动端设备需求的增加，显示技术的不断发展，苹果、三星、索尼等公司都将 Display P3 作为自己产品的色域标准。具有 90% DCI-P3 色域就可以符合 HDR 显示规格的基本色彩要求。对于影视行业的从业者，使用覆盖 DCI-P3 色域的显示器是必备的。如果能够选择更广色域的设备，将会呈现出影院放映的色彩效果。

Adobe RGB 色彩空间主要用于出版印刷。具体来说，它要比 sRGB 色域大 35% 左右，能基本覆盖 sRGB 色域。但是它和 DCI-P3 色域不同，两者在 sRGB 色域外覆盖的地方是有差异的。出版印刷通常会采用青色、黑、洋红、黄色这 4 种基本颜色系统，所表现的空间叫作 CMYK 色彩空间，主要是为了在计算机显示器上表现出接近印刷后颜色的效果。sRGB 色域以 BT.709 色域为标准。只要能覆盖 sRGB 色域的 95%，就可以覆盖互联网内容 95% 的颜色。以普通显示器为例，虽然以 sRGB 色域为标准的普通显示器能显示 97% 的 sRGB 色域，却只能显示 76% 左右的 Adobe RGB 色彩空间。

色彩是由人的视觉系统对不同频率光线产生的不同影响所形成的。色彩既是客观的存在（大自然光线），又是每个个体主观的感知。为了更深刻地了解色彩，人们建立了多种色彩模型，从平面到三维甚至四维，这种空间坐标体系就是色彩空间。在计算机图形领域，色彩空间（Color Space）是一系列颜色的数学表现形式，最常见的有：RGB 用于计算机图形，YUV 或 YCbCr 用于视频系统，CMYK 用于彩色打印。BT.2020 标准将 Gamma 值称为 EOTF 光电转换效能，可用于 RGB 和 YCbCr 的非线性曲线的 Gamma 校正。

色彩空间由三个指标定义：①色域，指由三个基色坐标形成的三角区域。②Gamma，即采样率，指在三角形内部进行切分。当 Gamma 值为 1 时会均匀采样，当 Gamma 值大于 1 时，会对较暗区域进行更多的细分，对较亮区域则相反。一般 Gamma 值为 2.2。③白点，指色域的中心点。由于色彩空间是一个三维空间，可以理解为用两点作为一盏泛光灯，由它的亮度产生的三维立体空间。

各个色域在 CIEXYZ 色彩空间色度图上的映射如下图所示，图中三角形的三个顶点分别对应红、绿、蓝三种颜色。如果三角形足够大就能够得到更多的颜色表达，如 ACES（Academy Color Encoding System）浮点式电影色彩空间，将红色、绿色、蓝色的场景相对曝光值作为编码颜色值，利用已定义的 ACES RGB 颜色表，这些值可以转换为 CIE 比色，因为 ACES 广泛的色彩和高动态范围不会损失任何细节。主流的数字摄影机品牌 ARRI、索尼、BMD 都支持 ACES，还包括电影 DI 调色系统 Baselight、DaVinci Resolve。在制作电视节目的时候，我们会使用专业的监视器来还原色彩，以便在调整节目时不会因为显示设备不准确造成色彩上的偏差。

随着 HDR 技术的升级，广播电视行业相关的各大企业都推出了自己的色彩空间和 Gamma 曲线，以便于后期还原前期拍摄的素材颜色。索尼公司伴随 4K 数字摄像机 F55 和 F65 推出了 S-Gamut3.Cine/S-Log3 和 S-Gamut3/S-Log3 两个对数色彩空间。

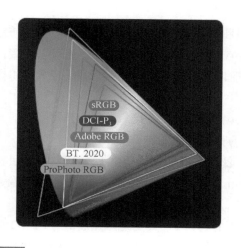
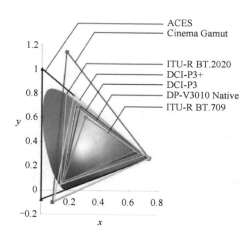

1.6　格式

　　首先介绍中央广播电视总台使用的 4K 超高清节目音/视频基本技术参数。从 2018 年 10 月开始，4K 频道按照这些技术参数顺利播出，面向以后的多频道 4K 化，需要充分考虑制播交换的编码格式、编码码率，以实现元数据解析、封装和传递，可支持 HDR 播出、环绕声、三维声播出，进一步加强 4K 节目的视听感受。

　　4K 超高清节目音/视频基本技术参数如下：

序　号	项 目 名 称	技 术 要 求
1	幅型比	16：9
2	分辨率（有效像素数）	3840×2160 像素
3	取样结构	正交
4	像素的宽高比	1：1（方形）
5	像素的排列顺序	从左到右、从上到下
6	帧率	50Hz
7	扫描模式	逐行
8	量化	10 位
9	色域	BT.2020
10	高动态范围	HLG 标准/1000nit（GY/T 315—2018）
11	取样	4：2：2
12	音频编码格式	PCM 24 位
13	音频采样频率	48kHz
14	声道	支持 16 声道 PCM 音频
15	播出文件封装格式	MXF OP-1a
16	视频编码格式（文件封装）	XAVC-I Intra Class 300
17	视频编码码率（文件封装）	500Mbps

　　索尼 XAVC 4K 格式完全符合广播电视节目拍摄和后期制作的高效率编码需求。索尼 F55 是业内第一个采用 XAVC 4K 格式的数字摄影机。XAVC 4K 格式的码率适中，还可以直接在非线性编辑系统中进行源码编辑，而无须费时费力地转换格式。XAVC 4K 编码技术将积极促进 4K 在广播电视领域的快速发展。

　　Apple ProRes 系列是专业视频制作和后期制作中常用的视频格式，是苹果公司开发的一种编/解码器技术，用于在 Final Cut Pro X 中进行优质高效的编辑。

　　Apple ProRes 422 是电视节目制作中应用较为广泛的、高质量的压缩编/解码器。其目标码率在 1980×1080 像素和 29.97 帧/秒时约为 147Mbps，在编码 4K 分辨率 4096×2160 像素和 30 帧/秒时，码率为 525Mbps。

　　Apple ProRes 422 HQ 是较高码率版本的 Apple ProRes 422，其支持全宽度的 4∶2∶2 视频源，同时可以通过多次解码和重新编码保持视觉的无损状态。其目标码率在 1980×1080 像素和 29.97 帧/秒时约为 220Mbps，在编码 4K 分辨率 4096×2160 像素和 30 帧/秒时，码率为 829Mbps。

　　Apple ProRes 444 包含 Alpha 通道，其编/解码器具有全分辨率和高质量 4∶4∶4 的视频源。当目标码率在 1980×1080 像素和 29.97 帧/秒时约为 330Mbps。Apple ProRes 444 HQ 在编码 4K 分辨率 4096×2160 像素和 30 帧/秒时，码率为 1.17Gbps。

　　DNxHD（Digital Nonlinear Extensible High Definition，数字非线性可扩展高清）格式与 Apple ProRes 系列类似。作为一款针对后期优化的中间格式，DNxHD 在提高剪辑效率的同时可确保画面质量不会因为反复修改而造成损失，最终实现母带级的成品输出。

　　2014 年，Avid 公司发布了 DNxHR 编码格式，用来支持 2K 和 UDH 分辨率。DNxHR 编码的质量级别有：DNxHR LB（Low Bandwidth），码率为 160Mbps，量化为 8 位；DNxHR SQ（Standard Quality），码率为 513Mbps，量化为 8 位；DNxHR HQ（High Quality），码率为 777Mbps，量化为 8 位；DNxHR HQX（10 位），码率为 777Mbps，量化为 10 位；DNxHR 444，码率为 1554Mbps，量化为 10 位。

　　DNxHR 与 DNxHD 的压缩算法完全一致，对于同样的输入源信号，两种编码的质量也完全一样，以前制作高清节目使用的是 DNxHD120，而现在制作 4K 节目就可以选择 DNxHR HQX，因为我们前期录像使用的是 HLG 标准和 BT.2020 色域，所以必须使用 10 位色彩深度，这样才能保留原始素材的高动态色度信息和 Log 亮度信息。

　　MPEG-1 是 MPEG（运动图像专家组）制定的第一个视频和音频有损压缩标准。MPEG-1 规定了在数字存储介质中实现对活动图像和声音的压缩编码，编码码率最高为 1.5Mbps，每秒播放 30 帧，具有 CD 音质，质量级别基本与 VHS（广播级录像带）相当。MPEG-1 的视频原理框图和 H.261 的相似，其主要用于 VCD 音/视频的编码。

　　MPEG-2 被称为 21 世纪的电视标准，它在 MPEG-1 的基础上做了许多重要的扩展和改进，但其基本算法和 MPEG-1 相同。MPEG-2 主要用于 DVD 音/视频编码。

MPEG-4 主要针对视频会议、可视电话等超低码率压缩（小于 64Kbps）的需求，实现极低码率传输条件下的高压缩比音/视频数据的实时传输。

MPEG-4 为多媒体数据压缩编码提供了更为广阔的平台。它定义的是一种格式、一种框架，而不是具体算法，它希望建立一种更自由的通信与开发环境。于是 MPEG-4 的新目标就是支持多种多媒体的应用，特别是多媒体信息基于内容的检索和访问，可根据不同的应用需求，现场配置解码器。其编码系统也是开放的，可随时加入新的有效算法模块，应用范围包括实时视听通信、多媒体通信、远地监测/监视、VOD、家庭购物/娱乐等。

2012 年 8 月，爱立信公司推出了首款 H.265 编/解码器，之后，ITU 正式批准通过了 HEVC/H.265 标准，即高效视频编码（High Efficiency Video Coding, HEVC）。该标准相较于 H.264 标准有了相当大的改善。华为公司拥有很多的核心专利，是该标准的主导者。

H.265 标准旨在在有限带宽下传输更高质量的网络视频，仅需原先的一半带宽即可播放相同质量的视频。这也意味着，智能手机、平板电脑等移动设备能够直接在线播放 1080p 的全高清视频。H.265 标准同时也支持 4K（4096×2160 像素）和 8K（8192×4320 像素）超高清视频。可以说，H.265 标准使网络视频跟上了显示屏高分辨率化的脚步。

央视专区 4K 超高清节目点播分发文件格式的参数如下：

项　　目	参　数　值	说　　明
总码率	25Mbps	
编码方式	HEVC（H.265）	Main 10@L6.1@High
幅型比	16：9	
分辨率	3840×2160 像素	
像素的宽高比	1：1	
帧率	50Hz	
量化	10 位	
色域	BT.2020	
高动态范围	HLG 标准	
采样率	4：2：0	
码率控制	CBR 视频码率：码率控制及 TS 层空包填充控制的设置固定采用带空包的 CBR（Constant Bit Rate）方式。 VBR 视频码率：建议最大码率不超过平均码率的 1.8 倍	VBR 模式下，码率的峰均比过大会导致传输质量下降，因此不建议峰均比超过 1.8
音频格式	立体声	编码格式为 AAC
音频采样频率	48kHz	
封装格式	MPEG-TS	

2014 年，松下公司开发了 AVC-Ultra 4K 编码，帧内压缩码率为 450Mbps，其编码方式

基于 H.264，采样率为 4∶4∶4。其中，AVC-UltraClass 50 的量化为 10 位，采样率为 4∶2∶0；AVC-UltraClass100 的量化为 10 位，采样率为 4∶2∶2；AVC-UltraClass 200 的量化为 10 位，采样率为 4∶2∶2；AVC-UltraClass 的量化为 10 位，采样率为 4∶4∶4。

AVS2 4K 编码是用于卫星传输的，水平尺寸为 3840 像素，垂直尺寸为 2160 像素，宽高比为 16∶9，帧率为 50Hz（逐行），采样率为 4∶2∶0，量化为 10 位，支持 GY/T 315—2018、GY/T 307—2017 规定的色域，可手动设置输出码率的色域标识，并符合 T/AVS 106—2018 中的规定。动态范围：支持 GY/T 315—2018、GY/T 307—2017 规定的非线性转换函数，可手动设置输出码率的非线性转换函数标识，并符合 T/AVS 106—2018 中的规定，视频码率为 36Mbps，AVS2 音频支持双声道和立体声、5.1 声道、7.1 声道，对应的码率分别为 96Kbps、256Kbps、384Kbps，输入和输出采样频率均为 48kHz，采样精度为 16 位。

RAW 格式是指由摄像机、摄影机的感光元件 CCD 或 CMOS 捕捉到的原始图像数据组成的文件，其包含文件创建时机器的设置和图像处理的参数，为后期的二次创作奠定了基础。RAW 格式中没有白平衡设置，可以随意调整色温和白平衡，不会造成图像的损失。

RAW 格式的最大特点是能够转化为 16 位的图像，拥有 65536 个灰度级别，这在后期调整时对于阴影区域或高光区域的层次尤为重要。摄像机会通过镜头采集自然光线，并将光线通过运算形成图像数据，但是在使用 RAW 格式拍摄视频时，将镜头捕捉回来的数据不经过光线的运算，直接记录为 0 和 1 的数字文件。

苹果公司推出的 ProRes RAW 和 ProRes RAW HQ 编/解码器可以让原始媒体拥有与 ProRes 相同的性能、品质且易用。ProRes 编/解码器系列以独一无二的方式将实时多码流编辑性能和卓越的图像质量保留功能相结合。ProRes RAW HQ 基于与现有 ProRes 编/解码器相同的原理和基础技术，是在 Final Cut Pro X、Motion 和 Compressor 中创建 HDR 内容的理想选择。ProRes RAW HQ 还为调整视频外观提供了最大的灵活性，同时还扩大了亮度和阴影范围。

索尼公司推出了 16 位的 RAW 文件，提升了其产品的色彩记录能力，索尼公司的 F55、F65 都可以记录 4K 分辨率、16 位的 RAW 文件，在 AXS-R5 中可以记录 4K 分辨率、100 帧/秒、16 位的线性 RAW 文件，其 14 位的无压缩 RAW 文件每帧大小为 80MB 左右。

Blackmagic RAW 是一种全新的现代编/解码格式，它比常见的视频格式更易于使用且画质更佳，同时还享有 RAW 格式记录的优势。Blackmagic RAW 采用先进的去马赛克算法并融入多项新技术，能呈现出视觉无损的影像画面，它是高分辨率、高帧速率及高动态范围流程的理想选择。精美绚丽的画质、庞大全面的元数据支持，以及高度优化的 GPU 和 CPU 加速处理方式，使得 Blackmagic RAW 成为可用于采集、后期制作及最终交付的编/解码格式。

Blackmagic RAW 采用第五代 Blackmagic Design 色彩科学，可以还原极其准确的肤色调和绚丽逼真的色彩，其图像采用自定义非线性 12 位数据进行编码，可提供极大程度的色彩数据和动态范围。

第 **2** 篇

功能与技巧

第2章 图层功能

2.1 图层

图层是构成 AE 合成的基本组件，如图片、视频、音频、灯光、摄像机、序列文件或另一个合成等。在 AE 中，无论是制作动画还是特效处理等都无法离开图层。在时间线（也称时间轴）中，各种素材都是以图层方式呈现的，它们按照上下层的关系依次排列。

AE 中的图层包括文本图层（Text Layer）、纯色图层（Solid Layer）、灯光图层（Light Layer）、摄像机图层（Camera Layer）、空对象图层（Empty Object Layer）、形状图层（Shape Layer）、调整图层（Adjustment Layer）。

2.1.1 文本图层

文本图层用于创建文字，在该图层中可以设置文字的字体、字号、字体风格、颜色、字距、行距等。文本图层还可以添加 AE 自带的文字动画预设，其有上百种选择。同时还可以打开三维图层控制，在调整原有位置、缩放、旋转、透明的基础上增加 X 轴、Y 轴和 Z 轴的调整操作。

动画预设中的效果选项非常多，为了避免效果间冲突，应尽量只选用一种效果，更改时可先删除该效果再双击重新进行选择。在选择效果前一定要激活文本图层，否则效果将会建立在一个空的文本图层上。动画预设是非常实用的功能，能够节省大量的制作时间。

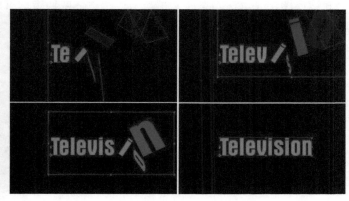

利用 CC Blobbylize 选项，可以为字体增加立体感。

利用百叶窗选项可以产生转场效果。

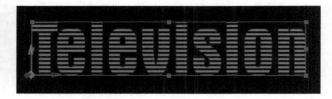

2.1.2 纯色图层

纯色图层（也称固态层）相当于一个载体或通道，可用于添加效果或与其他图层一起使用混合模式。创建纯色图层后也可以修改颜色，它有固定的宽度和高度的像素比，且对于 CPU 的占用率相对较低。

例如，使用纯色图层可以快速制作怀旧效果。导入一张背景图，新建一个纯色图层，命名为"橙色纯色 2"。

将"橙色纯色 2"图层放在背景图层上，并选择"颜色"模式，效果如下。

也可以使用纯色图层快速降低背景图层的亮度。导入一张背景图，新建一个纯色图层，根据背景图层的亮度选择灰色。

将灰色图层放在背景图层之上，并选择模板亮度模式。如果觉得效果不够好，可以反复调节以获得最佳效果。

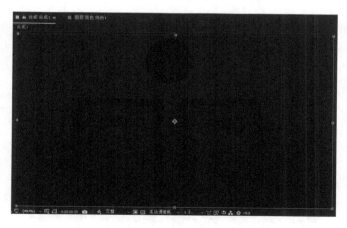

2.1.3 灯光图层

　　灯光图层作用于三维图层上，会影响照射物体的明暗变化和阴影。无光源的三维软件中三维空间是由系统默认光照明的。当建立灯光时就会自动关闭系统照明，三维空间中的物体将根据光源强弱产生阴影和空间的变化。灯光类型包括平行、聚光、点和环境，下面分别进行介绍。

　　平行类型：平行是指光源平行照射整个三维空间，且只能朝一个方向。它与三维软件中的天光类似，只要指定一个方向即可。平行光既可以单独调整光源的位置，也可以同时调整目标点的位置。

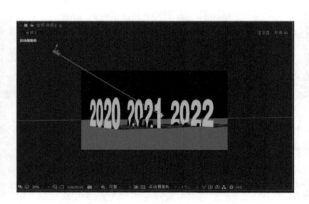

　　聚光类型：聚光相当于一把伞，伞柄的位置就是聚光的目标点。在一般情况下，我们会把目标点放在场景的主体位置，通过调节光源的范围来增大或减小对物体照射的影响，相当于伞的开或合。

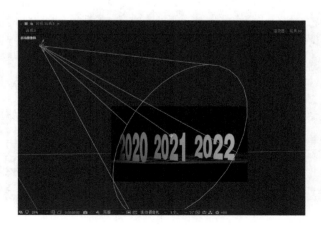

点光类型：点光形成一个球形衰减的光照范围，其作用于环绕中心点的 360° 的范围，其效果类似于一个灯泡，能够照亮光源周围的物体或环境。

环境光类型：环境光是一个通用光源，其作用于场景中的物体，它没有强弱，也不会衰减，可以照亮整个三维空间。环境光在视图中就是一个像素点，它不能选取和移动，但可以调节其强度和颜色。

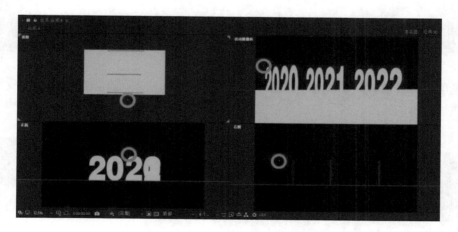

2.1.4　摄像机图层

摄像机图层用于三维合成，让使用者能够在视图中直接观察摄像机与图层之间的位置关系，可以调整摄像机的机位和旋转角度，并选择专门的摄像机视角进行观看。摄像机分为单节点摄像机和双节点摄像机，后者又增加了摄像机的目标点，能够通过关键帧的动画精确控制摄像机拍摄主体在画面中的位置。

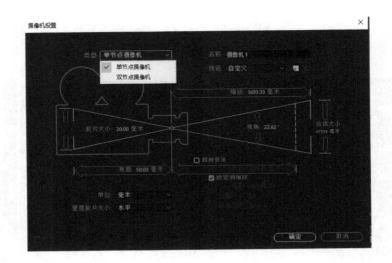

下面使用摄像机在 AE 中实现景深效果。首先创建带有 Alpha 通道的一棵树。然后新建白色纯色图层，并沿 X 轴旋转 90° 作为地面。

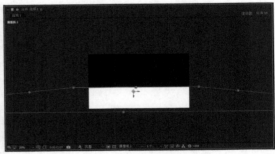

新建单节点摄像机，导入刚才创建的树且底部与地面对齐，在顶部视图中摆放好。复制多棵树并拉开树之间的距离。摆放好位置后，为场景增加灯光效果。

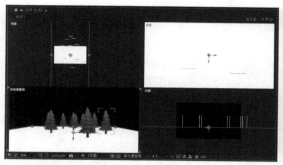

树林已经基本形成，虽然有前后关系，但单棵树在镜头中没有形成前实后虚的关系。下面设置摄像机参数，将焦距调整到合适位置。此时的效果为前面的一棵树最清晰，中间的两棵树次之，后面的树是模糊的。通过实际调节后发现，AE 的摄像机焦距调节效果比较弱，所以最好的方法是拉大物体之间的距离，这样更容易产生所希望的效果。

2.1.5 空对象图层

空对象图层是指在虚拟的图层上增加特效但不会显示出来，最终渲染输出时也不会显示出来，在合成窗口中只显示一个 8 点线框，可以调节其中心点。空对象图层经常用来作为辅助物体与其他图层绑定父子关系，制作路径动画或用于旋转、移动，还可以配合表达式制作动画。在空对象图层上增加调节效果，无论对本图层，还是其他图层都是没有作用的，其最大的作用是控制摄像机和多个物体的运动。

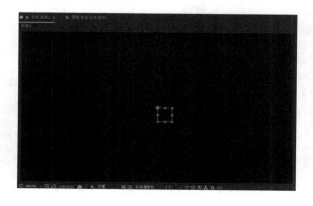

首先导入素材并新建 4 个 800×800 像素的合成。

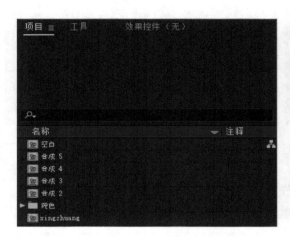 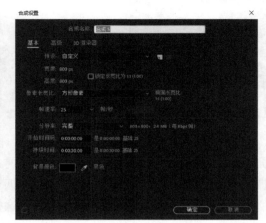

分别在 4 个合成中放入图片，并调整画面的位置使其位于 800×800 像素合成的中间。

把这 4 个合成作为图层素材放入时间线中，并打开三维图层 。

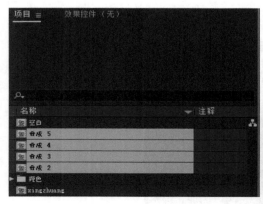

在顶部视图中，设置 Y 轴的旋转，以及 X 轴和 Z 轴的平移，使 4 个画面在垂直方向上组成一个正方形。

新建一个空对象图层作为控制其他 4 个图层的辅助物体。

选中所有合成，并拖动父子关系按钮 使之与空对象图层绑定。

切换到正面视图，并打开空对象图层的三维图层。

调整空对象图层的 *Y* 轴旋转，可以看到，由 4 个画面组成的正方体已通过空对象图层的父子关系进行了绑定，这样就可以同时控制 4 个图层的 *X* 轴、*Y* 轴、*Z* 轴位移和缩放操作，但其透明度不变。

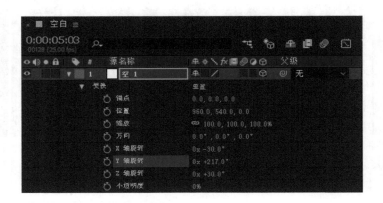

最终效果如下。

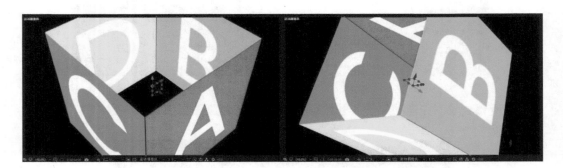

2.1.6 形状图层

很多 MG（Motion Graphics）动画中的元素是在形状图层中使用钢笔工具勾勒出形状轮廓绘制出来的。AE 软件内部也给出了一些常用的图形，如矩形、圆角矩形、椭圆形、多边形、星形。形状图层还可以进行描边和填充，并在内部与图层进行混合模式计算，以及基本的位置、缩放、旋转、透明的调整。

和纯色图层不同，形状图层可以实现多种颜色的渐变。首先选择填充线性渐变，然后新建一个形状图层。

如果默认的渐变程度较小，可以单击填充图标 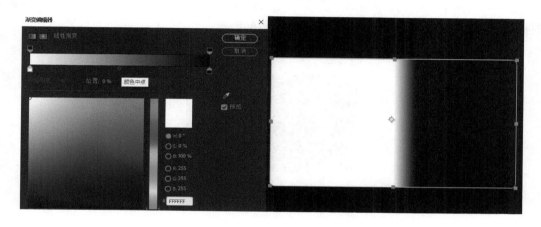，打开渐变编辑器。

然后，用鼠标向左右拖动颜色中点，渐变区域会出现手柄，将手柄的两端拉开，其渐变距离就可以扩展了，这样即可将渐变的区域拉大。

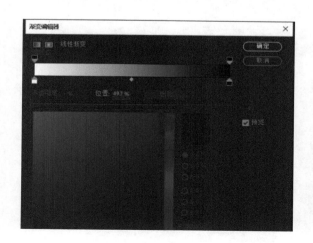

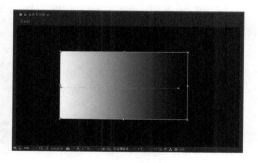

我们还可以利用渐变编辑器增加颜色，以达到多色渐变的效果。

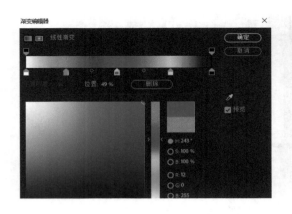
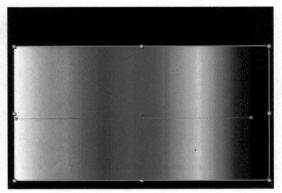

形状图层除了可以制作多色渐变效果，还可以作为其他图层的遮罩。首先我们单击填充图标，在弹出的填充选项对话框中选择纯色填充。

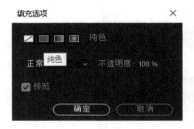

导入一个背景图层放在最下面，再新建一个形状图层。

在 PS 中制作一张渐变的底图并输入字母 A、B、C，然后导入 AE 中。再导入一张背景图像。

激活形状图层后，选择星形工具，在形状图层中参照下面图层中字母的位置绘制 3 个星形。

　　在字母图层上选择轨道遮罩中的"Alpha 遮罩'形状图层 1'"，把形状图层指定为字母图层的遮罩，这时形状图层便会自动隐藏。

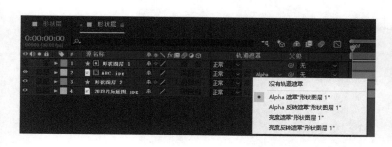

　　形状图层还有描边功能。复制一个形状图层，并放于字母图层之下，设置描边的颜色和宽度，效果制作就完成了。

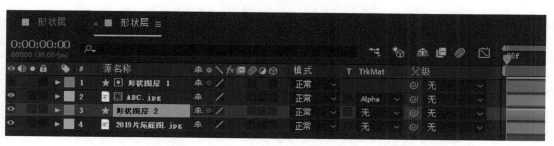

2.1.7 调整图层

调整图层具有图层的基本属性，但其是透明的、不可见的，也不像空对象图层那样有一个 8 点红框。调整图层主要用于对下面所有图层的效果调节，这在整体调整颜色时非常方便。

导入 6 张图片，分别缩小至合适的大小，排列好，并放置到一个背景图层中。

右击时间线，新建一个调整图层。当对该图层调节整体亮度时，会发现调整图层下面所有图层的亮度都会跟着变化。

小结：图层作为合成的基础是 AE 中必须掌握的内容。文本图层、纯色图层、灯光图层、摄像机图层、空对象图层、形状图层、调整图层具有不同的功能，彼此间无法替代。在实际工作中，这些图层就像不同的元素，经过构思和设计，以及不同的排列和组合，形成最终的效果。

2.2　蒙版与遮罩

在制作电视节目时，常需要使用多图层表现节目内容。通常，上层会遮挡下层，这时可以把上层缩小些，遮挡下层不重要的部分；或者把上层部分透明化，覆盖下层的局部画面；或者把上层叠加到下层的画面上，以丰富画面的内容。AE 的合成功能是其最大的优势，提供多种方式，能够达到不同的效果，灵活利用该功能可制作出精彩的效果。下面我们来详细介绍图层叠加中的两种工具，即蒙版和遮罩。

蒙版（Mask）是后期合成中常用的工具，主要用于将图像中的部分画面局部显示，并把剩下的部分隐藏起来。蒙版分为开放路径和闭合路径。

首先新建一个合成，设置为高清格式，命名为 Mask。

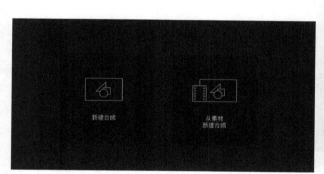
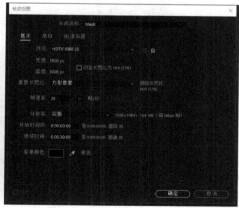

使用鼠标双击素材窗口，在磁盘中找到需要导入的素材。

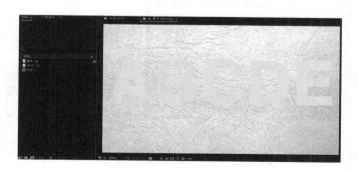

选中素材，并拖入时间线，在时间线上选中素材。

 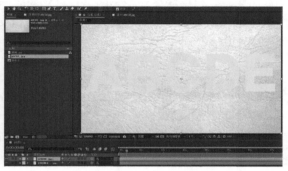

然后，复制 4 个图层。

选择矩形工具或钢笔工具。

在画布中绘制一个矩形，然后使用选取工具双击锚点激活线框，调整矩形的大小。

用 3 个图层单独提取出字母 A、C 和 E。单击时间线左侧的眼睛图标，可以显示或隐藏图层，以查看单独图层的位置。

 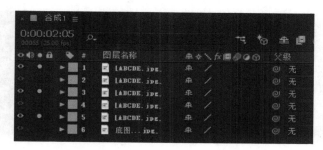

继续绘制矩形，把 B 和 D 的选区控制好。

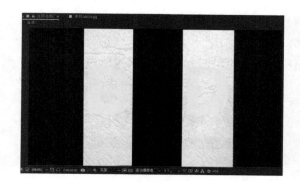 

打开全部隐藏的图层，调整各层的位置关系和大小。

遮罩（Matte）用于在遮挡部分画面的同时显示特定区域内的图像，可以将其比作一个有形状的窗口。经常会有人把蒙版和遮罩混淆，它们虽然能够得到类似的效果，但用法不同。蒙版是直接作用于图层的，而遮罩是一个单独的图层，可以通过上层对下层的遮挡关系，排除不需要显示的画面。字母 A、B、C、D 和 E 同框展示完成后，下面介绍遮罩的使用方法。分别导入椭圆黑白图、颜色渐变图和底图。

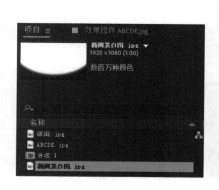 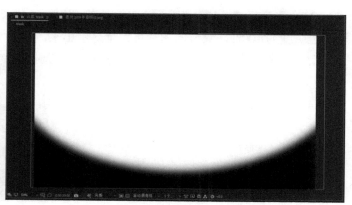

为底图指定轨道遮罩，通过亮度反转遮罩，使底图达到半包裹的装饰效果。椭圆黑白图作为亮度遮罩将自动隐藏不显示。

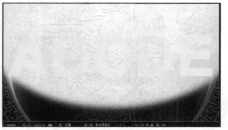

上面用到的就是亮度遮罩，它和带有通道的 Alpha 遮罩一样都属于轨道遮罩。

将亮度遮罩和 Alpha 遮罩放在被遮挡的图层之上，添加黑白亮度图层或带有 Alpha 通道的图层，以达到遮挡的效果，就是通过减法仅对下面的一个图层起作用，不会影响其他图层，同时在使用时也不会显示这个作为通道的图层，即其眼睛图标为自动关闭状态。

在图层的混合模式中，选择模板亮度和模板 Alpha 也能够起到相同的遮罩作用。模板亮度和模板 Alpha 直接作用于遮罩图层，在其上添加效果时，遮罩图层之下的所有图层都会受到影响，且图层的显示不会关闭。

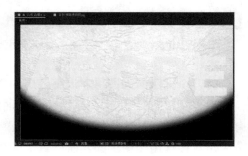

通过以上的例子可以看出，亮度遮罩所利用的是遮罩图层的亮度信息，包括黑和白之间的过渡。在 RGB 色彩空间中，R 代表红色，G 代表绿色，B 代表蓝色，白色为 RGB=255,255,255。在 HSV 色彩空间中，H 代表色调，S 代表饱和度，V 代表亮度，白色为 HSV=0,0,255，当纯白时透明度为 100%，底层的图片可完全显示出来。

新建一个形状图层，作为黑白遮罩的载体，选取矩形工具。

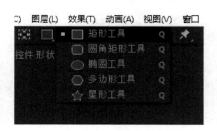

选择渐变填充，并在画布中拉出一个黑白渐变框。

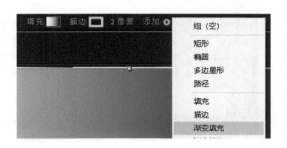 

拖动手柄，调整渐变范围，并在合成模式中选择模板亮度。

 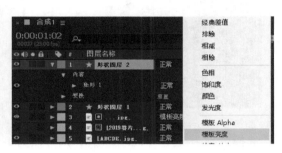

　　显示效果为从透明到不透明的过渡，遮罩的亮度值越大，画面就越清晰。利用黑白图像作为通道的遮罩便于观察，也可以使用图层本身的透明度进行调节。

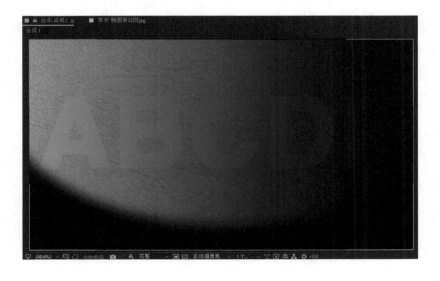

　　为了增加镜头的视觉效果，还可以对颜色进行叠加，使镜头增加美感，从而达到特定的画面效果。在之前图层的基础上使用渐变颜色图层，针对各部分进行颜色叠加，并把渐变图调入时间线，利用矩形工具为其增加蒙版，选择图层合成模式为颜色叠加。

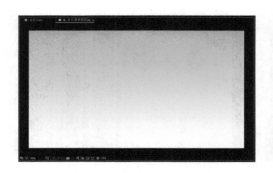
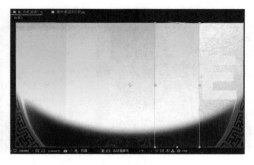
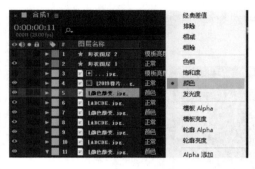
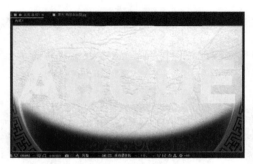

选择"颜色校正"中的"色调"，可以为每个矩形单独赋予一种颜色。

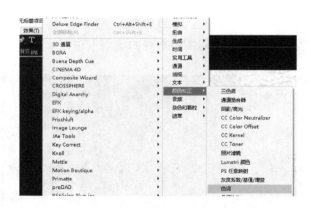

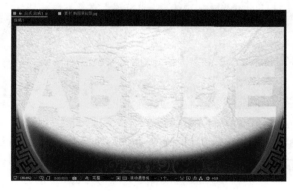

在电视节目的后期制作中，需要使用带有 Alpha 通道的图像来制作更多的叠加形式。在 Photoshop（PS）中修正图像时，通道面板内会显示红、绿、蓝三个色彩通道，每个通道占用 8 位色彩深度，共计 24 位，涵盖了画面中所有的色彩信息。当需要在画面上附加展示其他图像时，为了使主体之外实现透明效果，就要增加另一个 8 位的通道，这些透明的通道就是我们常说的 Alpha 通道。

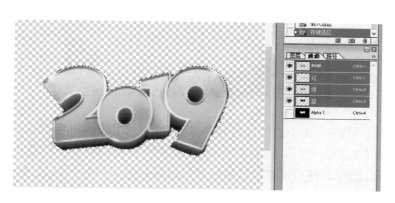

Alpha 通道使用的是 8 位二进制数，可以表达 256 个灰度级别，即 256 阶的透明度。其中，值 255 为白色，将 Alpha 通道定义为不透明的彩色像素；值 0 为黑色，将 Alpha 通道定义为透明像素；在 0～255 之间的数值为灰度，将 Alpha 通道定义为半透明的像素。一个带有 Alpha 通道的图像通过 32 位的总色彩深度来显示，能够呈现半透明或透明的视觉效果。

在 PS 中使用钢笔工具的抠像功能把图单独提取出来，然后添加 Alpha 通道，将其作为一个图标元素应用在其他画面中。

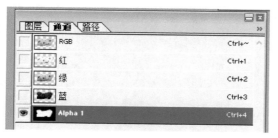

最后将图标元素放到画面中的合适位置。

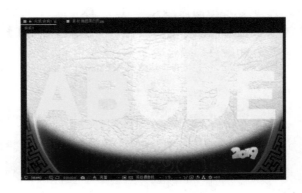

小结：在合成操作中，上下层的关系尤为重要，制作中应为每步的操作标明图层的作用，因为随着复杂程度的增加，上下层的关系很容易混乱。蒙版作用于当前图层，而遮罩是上一图层作用于下面的图层，使用时可根据需要灵活运用。在 AE 中，Alpha 通道设置为白色代表不透明，黑色代表透明，如果发现设置相反，则添加一个反转的滤镜即可。

第3章 图层高级功能

3.1 三维图层

三维图层是作用于图层上的一种功能，而不是一个具体的图层。三维图层与二维图层在项目中同时存在，二者的区别是：是否打开了三维图层按钮⬛，另外，三维图层的属性中多了 X 轴、Y 轴、Z 轴和材质的选项。

利用三维图层，制作有 5 个侧面的可旋转展示的三维柱体。首先，导入 5 张素材图片。

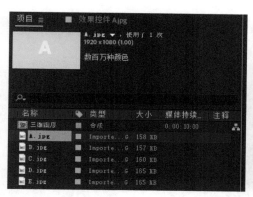
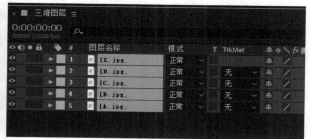

打开时间线左下角的转换控制按钮⬛。打开所有图层的三维图层按钮⬛，允许所有图层在三维空间中进行操作。如果直接在现有图层中进行操作，也可实现同样的效果，但会影响制作的效率。如果使用遮罩或裁切的方式选取所需要的部分，其中心点和 5 个侧面的宽度数值都很难控制。如果数值不平均，则形成的柱体可能出现错位。使用图层嵌套的方式就可以控制每层的中心点和大小。

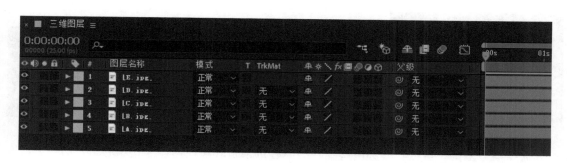

新建一个纯色图层。为了使柱体形状均匀，将其宽度平均分配，即每个侧面的宽度均为 384 像素。

右击纯色图层，选择预合成选项，保持每个图片的中心点都在正中位置，为后续的三维空间调整做准备，得到合成图层。双击进入合成图层，并调节选取的画面位置。

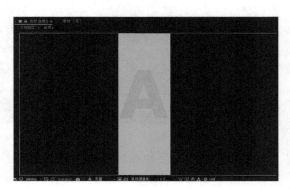

将剩下的 4 个图层使用同样的方法操作，调节选取的画面位置，然后打开所有图层的三维按钮。

选择锚点工具，可以观察到所有图片的中心点都是其所在图层的正中心。

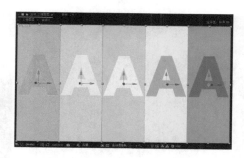

将视图窗口调整为 4 个视图，或者切换到顶部视图。

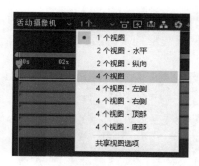

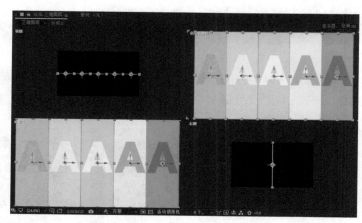

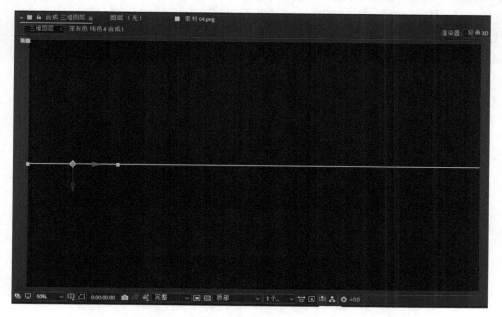

采用旋转 360°的方法，在 Y 轴旋转的角度栏中输入数值，每个图层旋转 72°，依次输入 72,144,216,288,0。

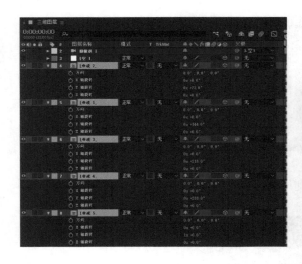
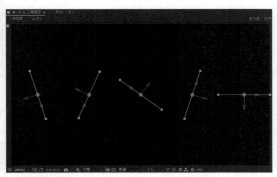

通过 Z 轴和 X 轴的手柄调整各图层中图片的位置，形成一个闭合的五边形，可以使用辅助线（按 Ctrl+R 快捷键），放在 960 像素的位置作为参考，使五边形处于画面的中心位置。

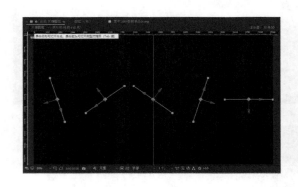
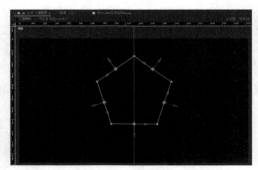

新建一个摄像机，右击，选择双节点摄像机。

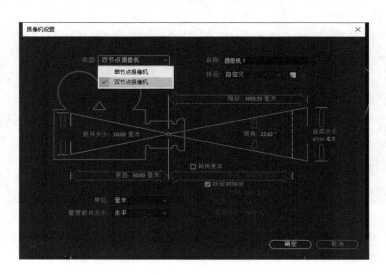

切换到摄像机视图，可以看出，已经形成了一个五棱柱。

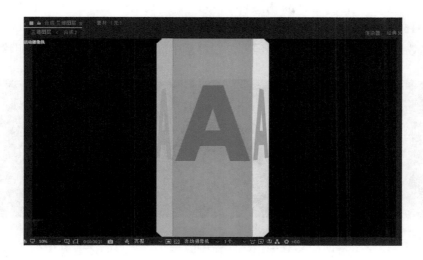

在摄像机目标点不动的情况下，可以拖动摄像机的位置进行观察。

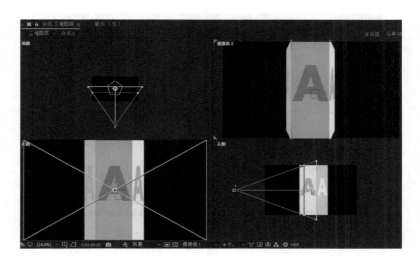

在 AE 中，摄像机的关键帧动画比较难调节。新建一个空对象图层，把摄像机与空对象图层绑定为父子关系。

通过空对象图层对摄像机进行关键帧动画的控制。在空对象图层的 Y 轴上设置关键帧，并旋转 $360°$，相当于五棱柱在 3s 内旋转了 $360°$，然后对摄像机位置进行关键帧记录，即 15 帧入画，15 帧出画。

最终的效果是五棱柱从右侧进入屏幕，在屏幕中间旋转展示，然后从左侧移出屏幕。

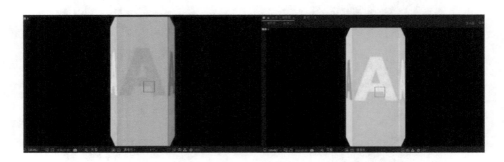

这个实例说明了三维图层的基本用法。在实际工作中，我们还要发挥创造力，例如，增加灯光、旋转动画、增加光效、使用后景衬底等，使画面效果更具有冲击力。

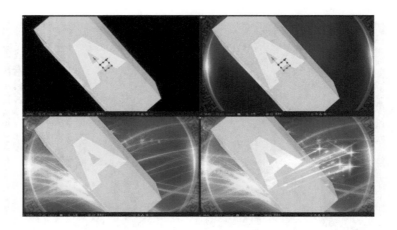

下面利用三维图层的特性，搭建灯光、摄像机，制作立体文字效果。首先，导入一个作为地面的图片，并打开三维图层按钮，沿 X 轴旋转 $90°$。

 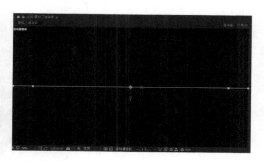

　　使用鼠标在时间线上右击，创建文本图层，在图层中输入"春晚"两个字，并将其对齐地面。

　　创建摄像机，命名为"摄像机 1"。

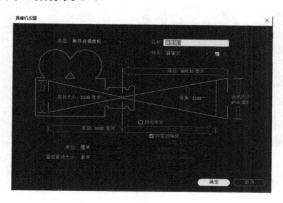

　　切换为 4 个视图，在正面视图中，将摄像机向上平移，使地面在画面的下边缘，滚动鼠标中键可缩小视图。

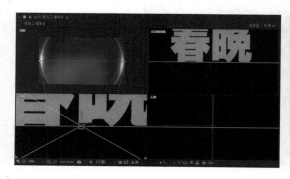 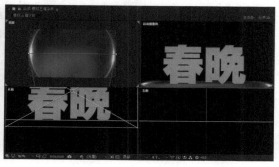

使用鼠标在时间线面板上右击，创建灯光图层，用于设置点光源，命名为"点光 1"，勾选"投影"复选框。

打开"春晚"文字图层的投影开关。

展开"点光 1"的灯光选项，将投影设置为"阴影扩散"效果。

效果如下。

　　要模拟三维效果，可以使用增加字体厚度的方法。首先复制多个"春晚"文字图层，然后通过近距离排列来增加字体的厚度。

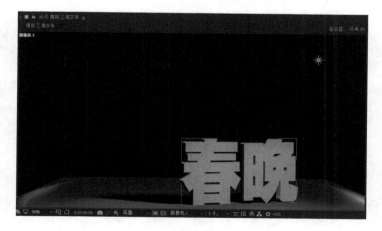

　　下面以一个节目背景视频为例，模拟雪山后景大屏视频的制作，由于篇幅有限，这里只介绍主要步骤。

　　这是一个反映我国登山者在 20 世纪 60 年代到 70 年代两次登顶珠峰的影片。创意初期，我们打算以珠峰雪山为主要元素表达登山者的艰险，使用三维软件制作雪山的效果。但由于节目制作的时间很紧迫，修改频繁，所以最后决定采用大分辨率图片作为雪山的素材。准备工作中收集了大量的雪山图片作为基础，并运用了暴风雪特效和粒子插件的手法。

通过在雪山的图层上增加遮罩的手法，来精确控制每层雪山的位置和移动轨迹。例如，为了更好地表现雪山与雪山之间的纵深位置关系，需要制作很多图层之间的叠加效果。通过对部分画面进行遮罩来选取合适的位置，从最近处开始布置，随着摄像机不断向前推进，逐步增加前景的雪山，与后景形成错落的关系。

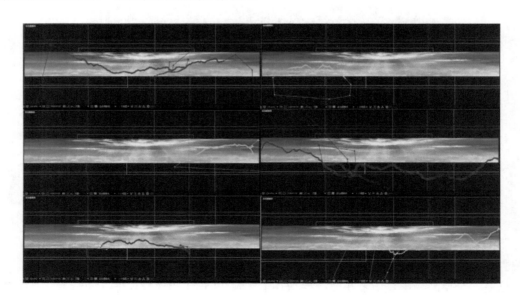

打开三维图层按钮，摆放雪山的前后位置。在 4 个视图状态下，根据摄像机的推进来调整雪山的位置。

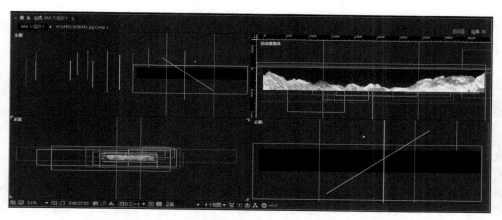

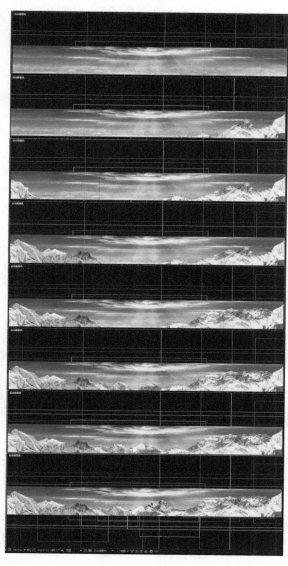

在镜头设计中是一个平缓的上坡，使用空对象图层绑定摄像机的父子关系，建立一个摄像机仰角的行进动画。

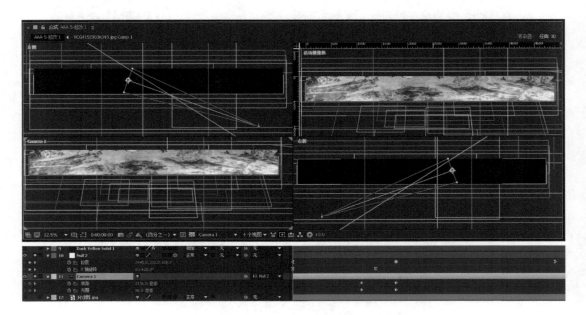

增加暴风雪特效，例如，纷飞的大雪片和小雪屑，还有大风造成的雾气效果。暴风雪特效可以用 Particular 插件来完成，具体的使用方法将在后面章节中讲解。同时，还可以在纯色图层上设置分形杂色，用于增加雾气效果。

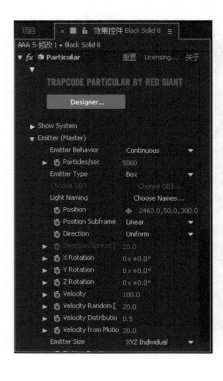
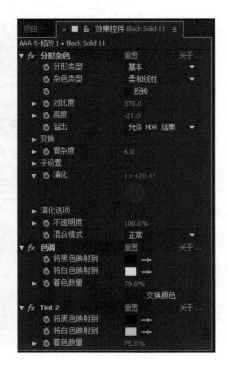

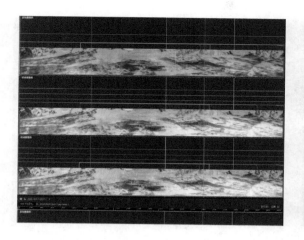
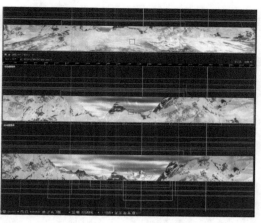

　　设置背景天空图层并调节颜色。由于原图不对称，因此对素材进行了镜像处理，以增加画面的宽度。

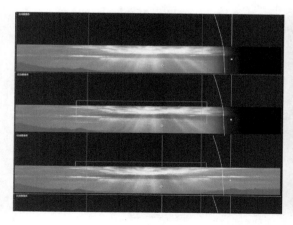
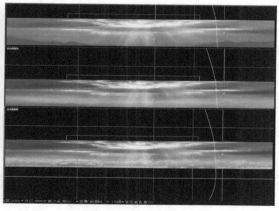

　　增加暴风雪特效作为转场。使用摄像机的平推方法，产生雪山金顶的效果。

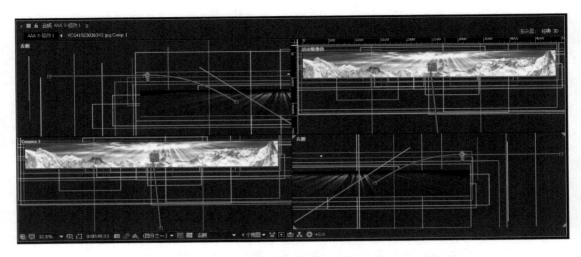

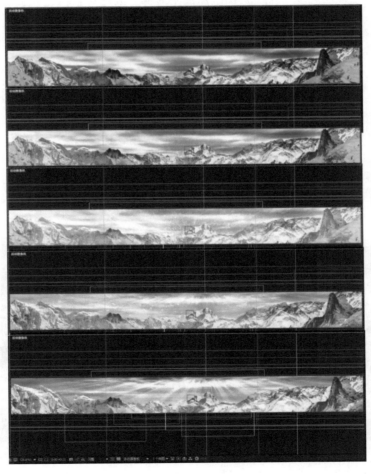

下面以某戏曲节目的一个段落后景视频为例，结合三维图层介绍制作流程。

根据节目内容的创意需求，以《千里江山图》为后景，并在主屏部分增加纵向延伸的一条河流，镜头保持平推，最终的呈现效果如下。

主要制作步骤如下。

首先制作水的效果。导入一张带有水的图片。

选择菜单命令"效果"→"扭曲"→"置换图"，设置最大水平置换为 51.0，最大垂直置换为-41.0。

为了更好地观察图层在三维空间中的位置，先添加摄像机，并为水素材增加蒙版，然后打开三维图层按钮。

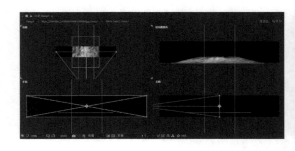 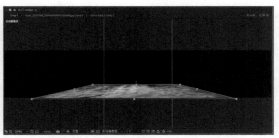

由于舞台背景是按照节目的音乐变化的，音乐的时长为 2 分 15 秒，因此设置时间线为 2 分 20 秒。

在顶部视图下，复制水素材所在的图层，形成向内的空间延伸。

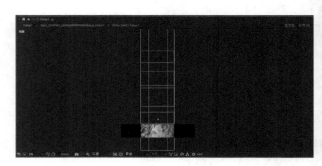 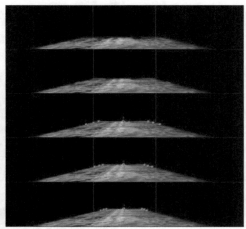

制作后景，在山素材中增加椭圆形遮罩，并放大到足以覆盖摄像机运动轨迹的范围。

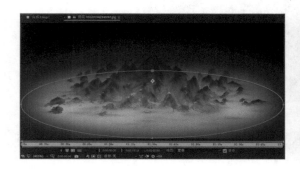 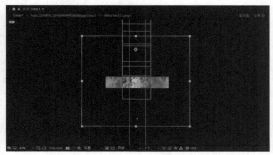

增加后景视频，并在时间线上制作循环至 2 分 20 秒，后景和前景的河流已基本形成。

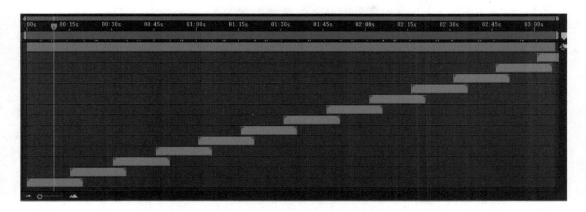

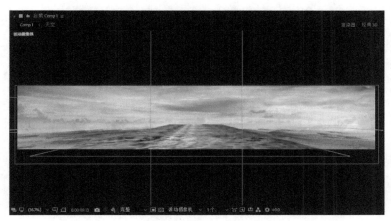

拼接后景中的山，这是最复杂的一步。把《千里江山图》中的山在 Photoshop 中拆分出来，并在 AE 中重新排列。

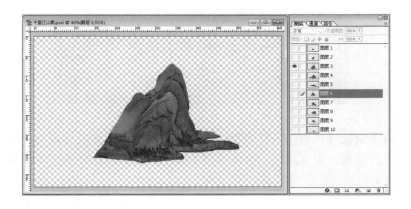

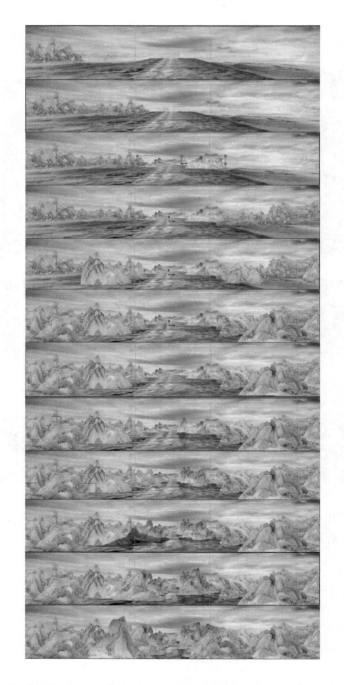

　　图中间的两条辅助线代表主屏的宽度，用于参考构图。摄像机设置为关键帧平推，不断调节镜头途经山的位置，由远至近，由两边向中间把河流的形状打造出来，并且要注意山在水中的投影变化。

　　为了获得飘逸的效果，可增加一些烟雾。建立两个白色图层。选中第 1 个图层，选择菜单命令"效果"→"杂色和颗粒"→"分形杂色"，增加杂色效果。

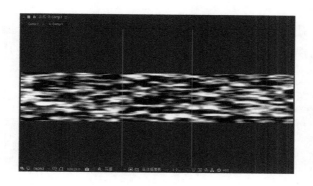

在第 2 个图层上增加白色填充，并且指定亮度遮罩。

将两个图层打包预合成，添加蒙版，让烟雾围绕在山的底部，并复制 5 个图层，在顶部视图和摄像机双视图中调节图层的位置。

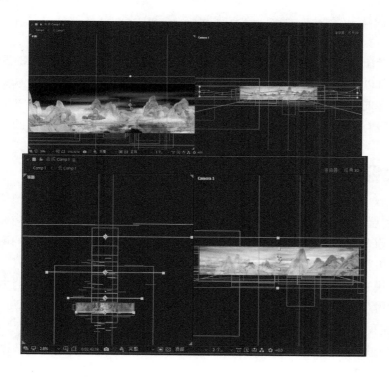

虽然这里只写了几个主要的步骤，但实际操作时可能需要几百个操作步骤，反复调节。本例通过三维图层的摆放，并配合摄像机 Z 轴移动的方式，可以实现片状三维穿梭的效果。

合成后得到不断穿梭的画面效果。如果计算机的配置不高，可以适当减少图层的数量，缩短渲染的时间。

小结：三维图层与二维图层合成时最根本的区别在于 Z 轴上镜头纵深的变化。为了增加真实的感觉，可以使用三维摄像机和灯光进行辅助，摄像机中的透视可以体现出镜头焦距的变化，产生景深的效果。AE 中的三维图层不像用三维软件制作的物体那样是有体积的，因为图层本身并没有立体的概念，但通过多图层的罗列也能够让镜头增加空间穿梭的立体感。

3.2　混合模式

AE 中的图层作为合成的基础元素，由视频、图片、灯光、摄像机、音频等构成，与 Photoshop 中的混合模式原理相同且效果近似。合成画面时，上面的图层都会对下面的图层造成遮挡。通过叠加可产生特殊的效果，这种两图层或多图层之间的算法叫作混合模式。

每种混合模式都是一种复杂的算法，通常需要反复尝试才能找到满意的方式。混合模式没办法添加关键帧，可以选择菜单命令"效果"→"通道"→"复合运算"，这种方式是可以添加关键帧的。混合模式就是修改源图层中的颜色属性产生的效果，但 Alpha 模式除外。

混合模式分为 8 类，包括基础模式组、减少模式组、添加模式组、复杂模式组、差异模式组、HSL 模式组、遮罩模式组、工具模式组。

1. 基础模式组

基础模式组包括正常（Normal）、溶解（Dissolve）、动态抖动溶解（Dancing Dissolve）。正常指不做混合，图像将通过 Alpha 通道正常显示当前图层，当透明度为 100% 时，会覆盖下面的图层，但并不受上面图层的影响，当透明度低于 100%，时就会受到上下两个图层的颜色影响。导入一段带通道的凤凰视频素材，再导入另一段视频素材作为后景，由于凤凰带有 Alpha 通道，所以在画面上能正常显示，颜色也不受其他图层影响。

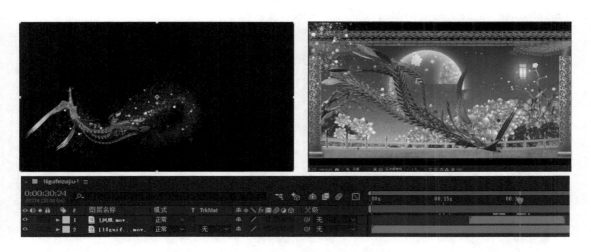

溶解和动态抖动溶解对于完全不透明的图层没有作用，对于有透明度和羽化边缘的图层有较大影响，相当于分解为随机分布的像素点。动态抖动溶解增加了随机的动画，可以模拟倒影或阴影，对三维图层不起作用。关闭视频背景图层，复制一个凤凰图层，并通过调整图像边角点让图像反向，降低图层透明度，选择混合模式为溶解，降低饱和度为-64，模拟倒影的效果。

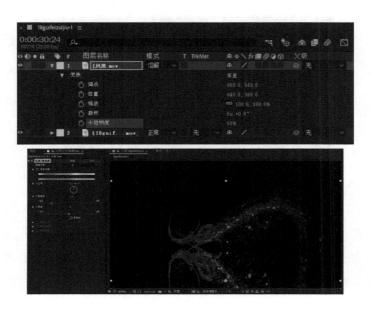

2．减少模式组

减少模式组包括变暗（Darken）、相乘（Multiply）、颜色加深（ColorBurn）、经典颜色加深（CladdicColorBurn）、线性加深（LinearBurn）、较深的颜色（Darker Colors）。它们的主要作用是对上下两个图层进行分析计算后，将颜色较暗的部分保留。

变暗指对比两个图层的颜色，把画面中亮的部分替换为暗的，而原来暗的部分像素保持不变。例如，可以作为场景的快速交替效果，选择两个画面素材，此时为了让画面保持不动，启用时间重映射，增加冻结帧，并在上面图层中选择混合模式为变暗，可以看到两个画面中亮的部分都被替换了，暗的部分被保留了下来。

相乘（也叫正片叠底）指将两个图层的颜色相乘，通过高亮的部分显示两个图层中较暗的一个图层，相当于两张幻灯片叠加后过滤掉高亮的部分，保留了较暗的部分，所有颜色与黑色相乘均为黑色，与白色相乘则保持原来的颜色不变。

颜色加深和经典颜色加深指对两个图层的颜色亮度进行分析，让原有的亮度减低，色彩加深，相当于只保留了原有两个图层中最亮部分的显示，其他部分则成倍加深。经典颜色加深用于兼容早期的版本。

线性加深指通过减小图像的亮度和加深每个颜色通道的深度来混合两个图层之间的颜色，但白色在混合时不起作用。官方的解释是，将两个图层的值相加并减去 1，使图像高亮部分迅速衰减，画面更暗，而线性加深是以线性方式计算的。

较深的颜色指保留图像中所有暗部，两个图层画面通过分析计算，把亮度高的部分用较暗的部分替换掉，所以画面中基本上只能看清凤凰，因为和凤凰图层进行分析计算的另一个图层有大量的高亮和明亮的颜色，这部分在计算中被屏蔽掉了。

3. 添加模式组

添加模式组包括相加（Add）、变亮（Lighten）、屏幕（Screen）、颜色减淡（ColorDodge）、经典颜色减淡（CladdicColorDodge）、线性减淡（LinearDodge）、较浅的颜色（Lighter colors）。它们通过图层之间的分析计算去掉暗部，让画面亮度提高。相加指通过上下两个图层的亮度叠加，让最终效果更亮，当图层是纯白色或纯黑色时，最终效果不会发生变化。

使用视频素材作为背景，添加带有 Alpha 通道的凤凰，发现直接导入的凤凰颜色较为暗淡，这时就可以使用混合模式中的相加，将凤凰颜色调整得金碧辉煌一些，增加画面效果。

变亮和变暗是相反的两种模式，通过比较上下两个图层，把较暗的像素替换掉，混合颜色中较亮的部分不变。观察发现，使用混合模式中的变亮后，凤凰图像原来的暗部有些变成了透明的部分，整体亮度并没有变化。

　　屏幕指按照色彩混合原理中的"增色模式"进行混合，将图层中颜色的互补色与底色相乘，来达到更亮的效果。也就是说，对于屏幕模式，颜色具有相加效应。例如，当红色、绿色与蓝色都是最大值 255 时，以屏幕模式混合就会得到 RGB 值为（255，255，255）的白色。而黑色则意味着为 0，所以，该种模式与黑色混合没有任何效果，而与白色混合可得到 RGB 的最大值——白色。观察画面中的凤凰，屏幕模式能够让图像以最亮的部分为标准进行整体提升。

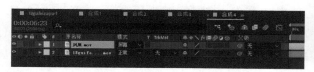

　　颜色减淡和经典颜色减淡指通过图层间的分析计算，降低画面的对比度，加亮底层中的颜色，与黑色混合无效。观察发现，这种模式可以让凤凰作为一个元素融入画面中，受到画面亮度和颜色的影响，将深色部分的颜色相结合，凤凰不再保持自己的亮度，而是融入画面中，当画面亮度高时，凤凰就会叠加两个图层的亮度和颜色。经典颜色减淡用于兼容早期的版本。

线性减淡指通过增加图层亮度来使最终效果的颜色变亮，与黑色无混合效果。观察发现，线性减淡虽然使亮度增加，但其受背景颜色的影响，呈现颜色叠加的效果。

较浅的颜色指将高光部分变为透明，再与背景叠加。例如，凤凰图层和背景图层在经过图层分析计算后保留了凤凰图层深色的部分，原有的高亮部分变为透明，再和背景图层叠加产生最终画面。

4. 复杂模式组

复杂模式组包括叠加（Overlay）、柔光（SoftLight）、强光（HardLight）、线性光（LinearLight）、亮光（VividLight）、点光（PinLight）、纯色混合（HardMax）。复杂模式组主要用于分析两个图层之间的亮度，把源图层的颜色像光一样投射到背景图层上，而投射图层的亮度取决于源图层和背景图层的亮度（灰度值）。当亮度高于 50%时，合成后画面变亮，相当于滤除了深色；当亮度低于50%时，合成后画面变暗，相当于暗部的相乘。

叠加指根据背景图层的颜色将合成的画面像素进行相乘或覆盖，可导致当前图层变暗（当合成元素本身亮度很高时会变亮）。叠加模式对于中间色的混合效果较为明显，当背景高亮或背景较暗时，混合效果不明显。叠加模式可以根据对亮度的控制得到最终画面的高光或阴影部分。

柔光取决于源图层的亮度，可使最终的画面提亮或变暗，相当于给画面增加了一盏散射的聚光灯。如果上面图层的亮度高于50%，则背景图层会被照亮（变淡）；如果上面图层的亮度低于50%，则最终的画面会变暗。使用这种模式，可以将画面中的人物合成到空旷的背景中。

　　强光相当于正片叠底或屏幕模式，取决于上面图层的颜色，能够产生强烈的聚光灯效果。如果上面图层的亮度高于 50%，则最终画面将整体变亮，否则最终画面会变暗，和正片叠底的效果类似。强光可以为图像添加阴影效果，与纯黑色或纯白色混合无效果。

　　交换上下两个图层的内容，发现混合后的颜色是以上面图层的颜色为依据的。

　　线性光指根据上面图层的颜色亮度进行分析计算，其中亮度高于 50% 的部分亮度会增加，否则亮度会降低。通过这种模式，能够加强主体的色彩深度和亮度轮廓，让周围的颜色进一步变暗。

　　亮光指根据上面图层的颜色分布和亮度进行分析计算，其中亮度高于或低于50%可造成最终画面的对比度加深或减淡。应用亮光模式后的凤凰受到加深影响显示效果不佳，但保留了主体的细节，这时可以增加一个凤凰图层，再次使用相加模式，让凤凰的亮度提升，再叠加暗部细节的部分，达到希望的效果。

　　点光指根据背景图层颜色来替换图层的颜色，当背景图层颜色亮度高于50%时，最终画面中的暗部将会被替代，其余不变。当背景图层颜色亮度低于50%时，最终画面中的亮部将被替换，其余不变。根据画面中高亮度的部分呈现凤凰主题，而背景画面中低亮度的部分会展示凤凰本身高亮度的部分。

纯色混合指将上下两个图层的颜色进行混合计算，使亮部更亮、暗部更暗。它可以降低填充的不透明度，使混合后的画面变得柔和，建立多色调分色或阈值。混合后的画面颜色，由背景图层的颜色和混合后的图层亮度决定。纯色混合可产生油画风格的效果。

5. 差异模式组

差异模式组包括插值（Difference）、经典插值（Classic Difference）、排除（Exclusion）、相减（Subtraction）、相除（Division）。差异模式组利用颜色的插值，即进行加、减、乘、除运算后产生新颜色，可以根据上下两个图层的重叠区域，将相同的地方显示为深色，不同的地方显示为灰色或彩色。

插值和经典插值是针对每个颜色通道的，从上下两个图层的像素浅色值中减去深色值。如果使用白色，可反转背景的颜色，将下面图层的颜色减去得到的补值颜色；如果使用黑色，则不会有变化，因为用下面图层的颜色减去颜色最小值 0 后，其数值与原来的数值一样。新建一个合成项目，设置背景色为蓝色。为了便于观察，再新建两个纯色图层，即红色和黄色。

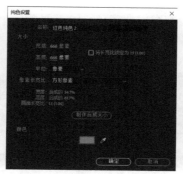

将红色和黄色方块交叉摆放，选择差异模式中的差值，通过差值的计算产生了新的颜色——绿色。

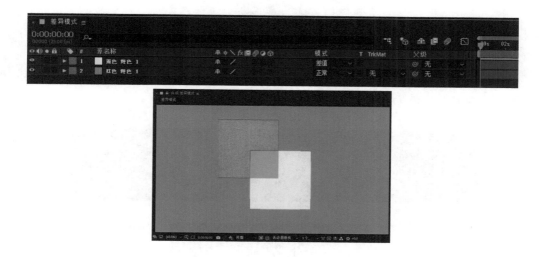

排除与插值近似，但其对比度会更低。如果图层颜色为白色，则会产生基础颜色的补色；如果图层颜色为黑色，则颜色保持不变。再新建一个白色图层，并将红色图层设置为差异模式中的排除，红色变成了补色（蓝色）。

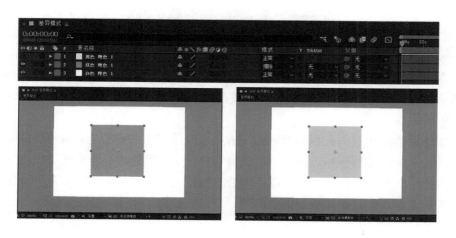

相减指从基础颜色中减去源图层的颜色。如果图层颜色为黑色，则会产生基础色；如果图层颜色为白色或其他颜色，则会产生黑色。

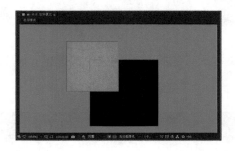

相除指将基础颜色除以源图层的颜色，如果图层颜色为白色，则其结果为基础颜色；如果图层颜色为黑色，则其结果为补色。

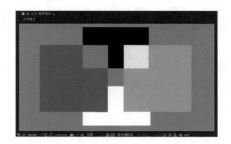

6. HLS 模式组

HLS 模式组包括色相（Hue）、饱和度（Saturation）、颜色（Color）、发光度（Luminosity）。最终效果主要取决于基础颜色，通过色相、饱和度、颜色和发光度的变化能够让合成画面保持颜色上的一致性。

色相指使用当前图层的色相和背景图层的亮度及饱和度进行组合，即用基础颜色的亮度与饱和度同上一个图层的色相进行混合所获得的结果。使用色相混合模式可以快速修改底图的颜色，例如，需要将红色的片尾字幕底图修改为蓝色，就可以用一幅蓝色星空图片与红色底图进行图层混合，即可快速得到蓝色底图。

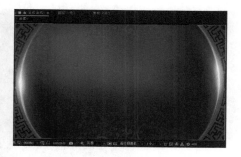

　　饱和度指根据基础颜色的亮度和色相，以及源图层的饱和度来创建混合的结果。在无饱和度（灰色）的区域中用此模式画面不会发生变化。将颜色区域作为画面的边框，通过图层混合的方式可快速制作出一个边框。

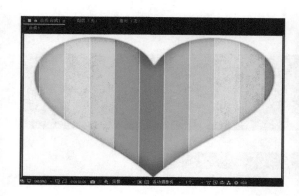
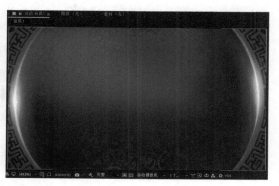

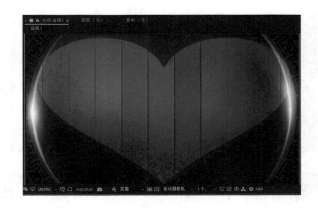

颜色指根据基础颜色的亮度和源图层的颜色来创建的混合结果，这样可以保留图像中的灰阶，并且对于给单色图像上色和给彩色图像着色都非常有用。例如，需要用蓝色替换心形图像的彩色部分，使用颜色模式就能快速实现。建立一个品蓝色纯色图层，使之位于上面图层，将心形图像放于下面图层中，使用颜色模式即可将心形图像的颜色从原来的彩色替换而成蓝色渐变。

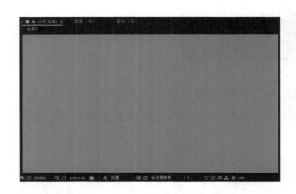
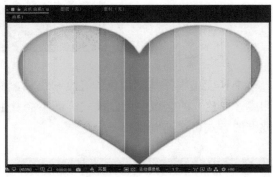

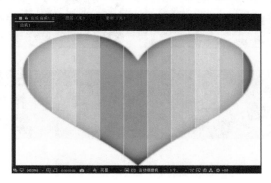

发光度指根据基础颜色的色相和饱和度，以及源图层的亮度来创建的混合结果，其效果与颜色模式相反。该模式是除标准模式外唯一能够完全消除纹理背景干扰的。使用底层的颜色和上面图层的亮度相混合，即可产生一种新的颜色组合。

 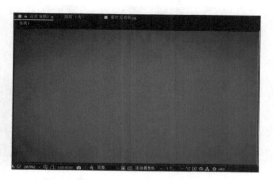

7. 遮罩模式组

遮罩模式组包括模板 Alpha（Template Alpha）、模板亮度（Template Brightness）、轮廓 Alpha（Outline Alpha）、轮廓亮度（Contour Brightness）。这个模式组中的模式在合成时大部分要制作 Alpha 通道或指定 Alpha 通道。

模板 Alpha 指源图层所覆盖区域的内容会显示出来，而区域外的则不可见。建立一个数字图层 2021 作为 Alpha 通道，因为数字图层本身带有 Alpha 通道，所以和画面一起选择模板 Alpha，就可以呈现透过 2021 轮廓的效果。

模板亮度指源图层所覆盖区域的亮度越高就越不透明。在 PS 中建立一个数字 2021 的黑底白字的图像，导入 AE 中作为上面图层，和下面图层一起实现透过画面的效果。模板亮度模式适合使用黑白图作为通道。

轮廓 Alpha 指源图层所覆盖区域为全部透明，同模板 Alpha 模式的显示区域相反。

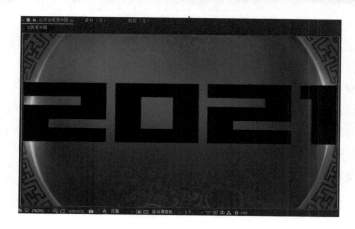

轮廓亮度指源图层所覆盖区域的亮度越高就越透明，同模板亮度模式的显示区域相反。可以用图像的亮度通道使画面高亮以外的区域显示出来。

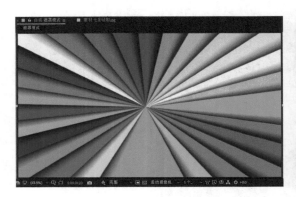

8. 工具模式组

工具模式组包括 Alpha 添加（Alpha Add）和冷光预乘（Luminescent Premul）。

Alpha 添加指当两个不透明度为 50% 的图层叠加后，其不透明度并非为 100%，而是 75%，其余 25% 被系统算法消除了。当需要无缝不透明连接时，可以用两个相反的 Alpha 通道，或从两个部分重叠的动画图层的 Alpha 通道中删除可见的边缘，可以使用 Alpha 添加模式。例如，制作两个纯色图层，将其透明度设置均为 50%，当选择 Alpha 添加模式后，其中间交叉部分的透明度就叠加了。

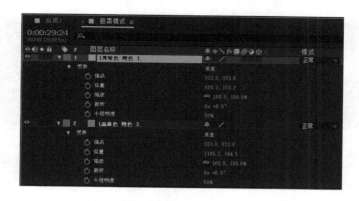

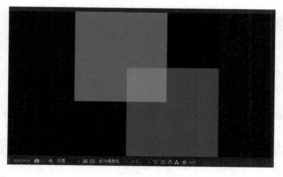

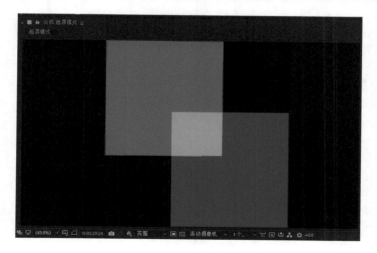

　　冷光预乘指将图层的透明区域像素和底层进行作用，赋予 Alpha 通道边缘透镜和光亮的效果。例如，建立一个透明度为 50% 的白色图层，使用星形工具添加一个星形蒙版。

导入背景图层并选择冷光预乘模式，白色图层中的星形区域与白色叠加显示，而星形外的区域则与白色高光叠加，产生高亮效果。

小结：混合模式作为 AE 中的核心功能，具有效果好、速度快的特性。混合模式可以将上下两个图层融为一体，并通过对两个图层或多个图层进行分析计算，使最终合成的画面达到新的效果。

第4章 关键帧功能

4.1 变速与帧混合

在电视节目后期制作中，我们无时无刻都要考虑影片的节奏，紧张的快节奏，舒缓的长镜头或叠化，都可以作为一种情绪上的表达，或者通过进一步创新，更多地融入自己的审美观，让节奏成为一种艺术化的表达。

对于镜头速度的控制，我们经常称之为"快节奏"和"慢动作"，是决定节奏的关键因素。如果仅靠镜头的长短去控制节奏并不能得到完美的效果，因为镜头本身内在运动的快慢和外在运动的速度，都会影响观众对节奏的感知。

变速是常用的镜头调节方法，它可以是匀速运动或变速运动，也可以先快后慢或先慢后快，以及加速至 9900%或减速至 0。升格是实现慢动作的一种方法，就是在每秒内使用更多的帧数拍摄，让镜头能够记录下整个动作逐步完成的过程。正常按照每秒 25 帧拍摄，如果想放慢摄像机记录的动作，只能采用让速度变慢的方式，但每帧之间的连接又会出现抖动的问题。常用的变速方法就是复制前后帧来适应变速所需要的时间，从而达到速度变慢的目的。在 AE 中，使用帧混合（Frame Fusion）可以有效地解决因为变速造成的镜头抖动问题。

在合成视频时，时间线既可以显示时间码也可以显示帧数。大多数时候，我们会选择以时间码的形式显示，而显示帧数则可以精确计算画面。按住 Ctrl 键，并单击时间线左上方显示时间的位置，就可以在帧数和时间码之间切换显示。

如果想在建立项目时就使用自己想要的时间显示样式，也可以选择菜单命令"文件"→"项目设置"，在项目设置面板中选择显示时间码或帧数。

制作动画时，时间码都是从 0 开始的，但需要多人分工制作时，也可以设置开始时间码为需要的时间，选择菜单命令"合成"→"合成设置"，在"开始时间码"框中输入想要的时间就可以进行精准控制了。

　　有一些前期实拍的素材会自带时间码，可以直接设置时间线的显示，这样便于与前期拍摄时的场记相对应，因为使用统一的时间码可以快速找到所需要的镜头。

　　如果不需要用素材自带的时间码，也可以通过设置指定其开始时间码，便于编辑时使用统一的时间码。选择需要调整的素材，右击，选择"解释素材"→"主要"，在解释素材面

板中勾选"开始时间码"中的"覆盖开始时间码"单选项，并设置开始时间，就可以让素材按照想要的开始时间码显示。

　　下面给出变速操作实例。

　　导入素材，并单击时间线左下角的速度显示按钮，在时间线上显示伸缩百分比，双击打开时间伸缩面板，输入拉伸因数为 400，就是把画面中的动作放慢 4 倍。

　　这时按空格键进行渲染预览，会发现画面中的挥笔动作有卡顿的情况，可以使用帧混合（也称帧融合）的方法解决这个问题。

　　单击"帧混合"按钮，观察挥笔动作的细节，虽然运动流畅不卡顿了，但由于前后帧的混合产成了虚影，但最终的播放效果在可接受范围内。

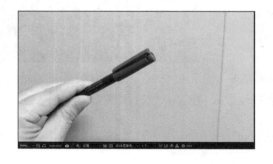

　　在"帧混合"中还有一种方式叫像素运动，就是"帧混合"按钮下的 按钮。像素运动算法的效果更好，但其渲染时间也会成倍提升。如果没有足够的帧用于混合，则可能会超

出算法的极限。在实际工作中可以进行多次尝试和对比，总的来说，像素运动算法的使用范围更广泛些。

　　需要注意的是，一定要打开所有图层帧混合的总开关，这样才能看到效果，同时应把质量和采样设置为最佳。

　　在对速度的控制上，声音也起到了决定性的作用，一段强劲有力的音乐是控制节奏的关键，配合适当的变速可以达到对视觉、听觉效果的全新演绎。例如，《斯巴达 300 勇士》采用经典的前三后七的变速方式，先采用急加速完成三分之二的动作，然后升格画面用整个镜头三分之二的时间变现后面的部分。通过速度控制配合镜头表达，能够有叙事性、突出性、情节性不同的节奏存在，这也是在电视节目后期制作中特殊的叙事方式和表现手段，能够让节目有艺术上的升华。

　　下面介绍卡点变速时间重映射。为了更方便地选择素材，建立一条与素材时间长度相同的时间线，把所使用的素材拖动到素材箱下方的新建合成按钮  上，并在时间线上确定所需素材的长度。

　　在工作区内右击，选择"将合成修剪至工作区"，这样可方便地设置变速关键帧。

　　单击时间线上的素材，使之保持激活状态，选择菜单命令"图层"→"时间"→"启动时间重映射"，或者右击，选择"时间"→"启动时间重映射"。

　　在时间线上找到需要变速的点，单击  按钮添加关键帧。再次单击将移除关键帧。

在镜头的第 1 帧处再添加一个关键帧，并缩小关键帧之间的距离，以达到变速的目的。关键帧前面的点，其镜头速度不变，两点之间速度加快，可根据预览效果进行调整。

单击图标编辑器，可以通过下面的贝塞尔曲线手柄调节运动速度，即匀加速或匀减速。

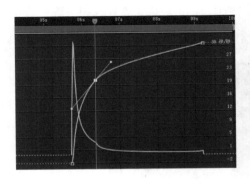 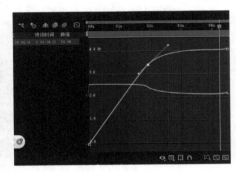

例如，制作一个从 200%快速到 0 的变速，首先在伸缩中输入 50%，作用是提升一倍速度，然后在中间增加关键帧，打开贝塞尔曲线手柄，把关键帧向上平移，让后面的曲线接近于平行的直线，也就是速度由 50%递减为 0。

利用时间重映射，我们也可以实现与非线性剪辑软件抓取静态单帧相同的功能，选择菜单命令"图层"→"时间"→"冻结帧"，并将冻结帧放置到对应位置，则从当前帧以后变为静止画面。

为一段视频添加时间重映射后，将会在素材的前后自动添加一个关键帧，分别代表素材的起点和终点。

把素材的尾部拖出时，就会发现后面是视频素材的静止画面。

如果需要从视频中间的某个点定格素材，则可以添加一个关键帧，并删除后面的关键帧，即可从中间关键帧的位置定格了。

如果不删除后面的关键帧，而把中间的关键帧向前移动，就会使中间关键帧前面的视频加速，后面的视频速度变慢。

下面介绍图表编辑器，利用它可以实现播放速度的变慢、变快，以及倒放，包括静止画面。在起始点后增加一个关键帧并拖动到 0 的位置，使其与起始点平行，这样就代表前两个关键帧之间为静止画面，而后面的视频被加速了。

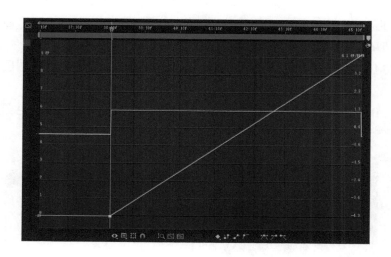

在中间再增加一个关键帧，并把尾部的关键帧拉至 0 点，视频就会变成从这个中间点之后的部分开始倒放的效果。

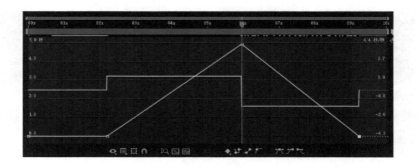

在日常的节目制作中，抽帧动画也会是偶尔使用的，其原理就是减少每秒播放的帧数，从视觉上产生卡顿的效果。正常的电影播放速度为 24 帧/秒，电视 PAL 制为 25 帧/秒，NTFS 制为 30 帧/秒。当制作抽帧效果后，节目的总时长保持不变，只是增加了卡顿的效果。

在时间线上选择要做抽帧效果的视频图层，选择菜单命令"效果"→"时间"→"色调分离时间"。在效果控件面板的帧速率里设置需要抽帧的幅度，数值越低其效果越明显，播放视频时会产生强烈的不连续跳跃感。

小结：帧混合主要为解决素材在变速后出现抖动的情况，开启"帧混合"后，软件会自动计算前后帧之间的关系，用两帧的混合补充中间所发生的变化，可以解决一部分抖动或卡顿的现象。例如，镜头中快速运动物体边缘会出现闪烁的情况，使用帧混合能够改善这种情况。这其实和 Photoshop 中的边缘羽化道理相同，通过边缘的模糊处理可以解决物体边缘闪烁的问题。

4.2 关键帧动画

关键帧动画（Keyframe Animation）就是在帧的基础上给予物体动画的属性，在时间差值和空间差值上设置不同的关键帧数值，通过计算达到流畅的动画效果。在制作中，我们需要构思好动画的形式，设置好起始点状态、中间点状态和结束点状态，关键帧之间的动画由软件自动计算形成。

下面通过 MG 的落版字幕动画进行讲解。为了便于观察，我们把合成图层的背景颜色改为白色。

新建一个 200×200 像素的"中等灰色-青色 纯色 1"图层。激活该纯色图层，双击椭圆工具，自动建立一个以纯色图层大小为中心点的圆形遮罩。

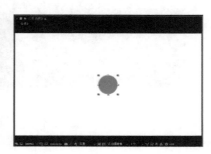

选中蒙版 1，使用 Ctrl+D 快捷键，复制一个蒙版。

选中蒙版 2，在合成窗口中双击蒙版边缘，出现 8 点矩形。

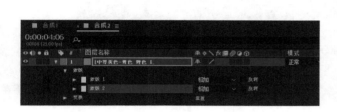 

按 Ctrl+Shift 快捷键，等比缩放蒙版 2，并在时间线中选择"相减"选项。

 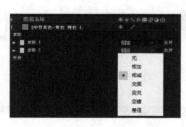 

新建空对象图层，选中"中等灰色-青色 纯色 1"图层并按快捷键 P，在"位置"中设置平移 600。

与空对象图层绑定父子关系。

选中"中等灰色-青色 纯色 1"图层，使用 Ctrl+D 快捷键，复制两个图层，并分别修改图层颜色为橙色和红色。

选中空对象图层，按快捷键 R 使之旋转 120°。

解除"中等灰色-青色 纯色 1"图层和空对象图层的父子关系绑定。

把"橙色 纯色 1"图层与空对象图层绑定父子关系。

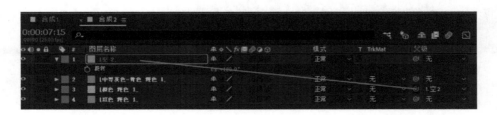

选择空对象图层，并旋转 360°。

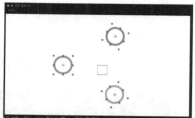

把 3 个纯色图层全部与空对象图层绑定父子关系。

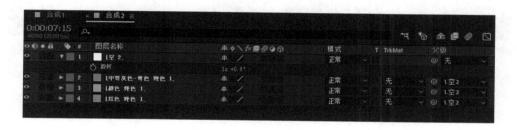

打开空对象图层的关键帧动画记录开关，把时间线指针放在第 1 秒的位置，设置 360°的旋转，让 3 个圆以空对象图层的中心为原点旋转。

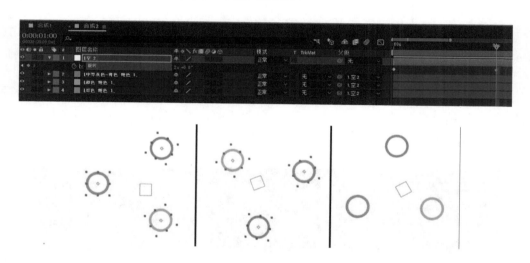

设置初始的关键帧，让 3 个圆产生缩放动画效果，可以按快捷键 S 进行缩放。

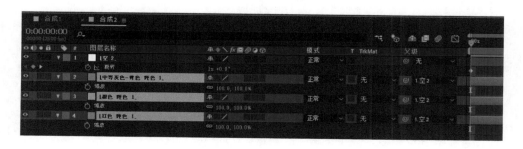

在时间线第 0 帧处设置关键帧的缩放数值为 0，在第 8 帧处设置关键帧的缩放数值为 100，可以先设置后面的关键帧，再设置前面的，这样操作可相对简便一些。这样就形成了 3 个不同颜色的圆，一边旋转一边从小变大的动画效果。

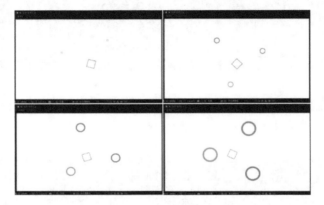

最终要把这 3 个圆汇聚成一个圆，并缩放到落版 Logo 中作为元素使用。选中 3 个颜色图层，按快捷键 P 调整其位置，在第 1 秒 15 帧处设置位置关键帧，在第 2 秒处把 3 个圆的位置设置为 0。

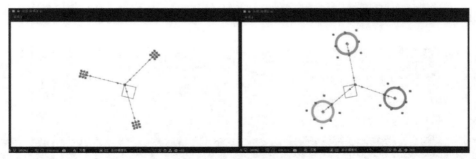

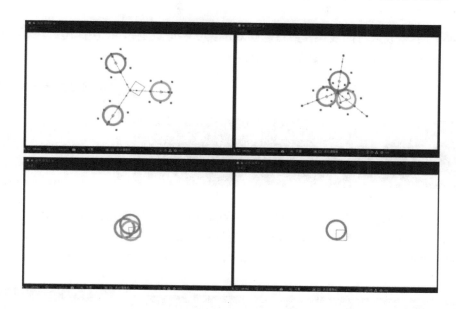

　　红色的线框为空对象图层的位置参考物体，最终并不会输出。如果觉得它妨碍视觉，可以单击图层前的眼睛图标 ⊙ 关闭显示。由于红色和橙色纯色图层中的动画已完成，其后面部分不需要显示，可以选择红色和橙色两个纯色图层，按 Ctrl+Shift+D 快捷键，剪开后面的部分，并按 Del 键直接删除。

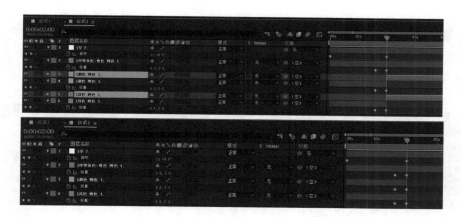

　　导入落版 Logo 元素，包括字体、圆环和云，这些都是在 Photoshop 中提前制作好的带有 Alpha 通道的元素，用来合成最后的落版 Logo。

把落版的字体放入时间线中，素材起始对准第 2 秒 05 帧处，按快捷键 S，设置缩放关键帧，其大小从 0 到 100% 的缩放区间占 6 帧。

参照落版字体的位置和大小，继续添加其他的辅助元素。首先完成青色圆环的最终位置动画，按快捷键 S 进行调整，在第 2 秒处设置缩放关键帧为 99%，在第 2 秒 06 帧处设置缩放关键帧为 245%，这样可以让青色圆环和落版字幕的动画稍微拉开些层次。

这个圆环放大后有些过于粗，可以采用在蒙版上设置关键帧的方法来解决这个问题。在第 2 秒处给青色圆环的外圈蒙版设置关键帧，让圆环的厚度在动画之前保持不变，然后在缩放动画结束的位置第 2 秒 06 帧处设置蒙版扩展为 -16，让圆环往内侧收缩。

把花纹圆环图片调入时间线，并对齐于第 2 秒处。观察发现，其和字体颜色有点不协调，选择菜单命令"效果"→"颜色校正"→"更改为颜色"，调整为与青色接近的颜色。

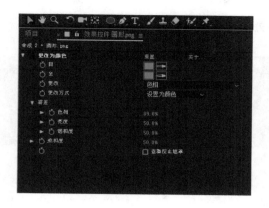

设置花纹圆环的关键帧，按快捷键 S 进行调整，在第 2 秒 08 帧处设置缩放关键帧为 100%，在第 2 秒处设置为 0%。

为了使画面保持运动，我们还可以给花纹圆环增加旋转关键帧，让其一直保持旋转运动，但数值不宜过大，否则会抢主体字幕的视觉效果。选中花纹圆环，按快捷键 R 进行调整旋转属性，在第 2 秒处设置旋转关键帧为 0°，在第 5 秒处设置为 30°。

最后，增加装饰元素云，放在画面的左下和右上的位置。先制作左下云，选中云图层，按快捷键 S 进行调整，在第 2 秒处设置缩放关键帧为 0，在第 2 秒 06 帧处设置为 60。

继续给云添加平移动画，选中云图层，按快捷键 P 进行调整，在第 2 秒处设置位移关键帧为 360,850，在第 5 秒处设置为 550,850。

制作右上云。导入一个新的云图层，放置位置为右上，选中云图层，按快捷键 S 进行调整，在第 2 秒处设置缩放关键帧为 0，在第 2 秒 06 帧处设置为 60；选中云图层按快捷键 P 进行调整，在第 2 秒处设置位移关键帧为 1600,200，在第 5 秒处设置为 1300,200。

因篇幅有限，动画制作过程已简化，最终效果如下。

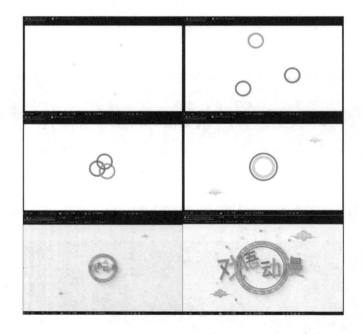

下面我们继续介绍关键帧动画的一些细节。首先新建一个合成，导入花纹圆环，并设置缩放比例为 40。

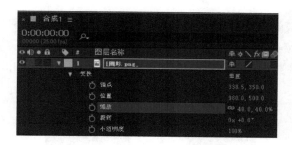 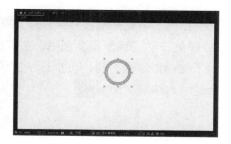

按快捷键 P 打开位置属性设置关键帧，并在第 0 帧的起始位置把圆环拖到画面以外。

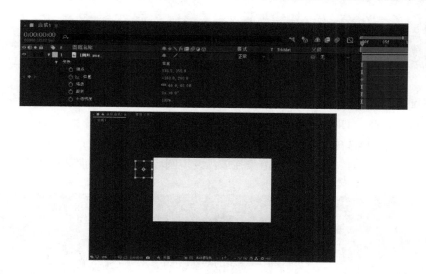

　　为了让圆环最终能够保持在画面的中间，我们需要使用辅助线找到画面的中心点。新建一个纯色图层，按 Ctrl+R 快捷键，调出辅助线，从边框中拖出 X 轴和 Y 轴以确立中心点。辅助线不会被渲染输出，如果不需要将其拖动到画面边缘就会自动消失。确定好中心点后可以删除纯色图层。

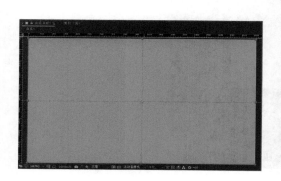 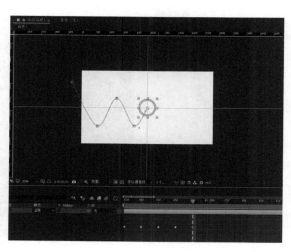

分别在第 5 帧处拖动圆环至底边，在第 10 帧处拖动圆环向上反弹，在第 15 帧处下落，在第 20 帧处拖动圆环至画面正中，关键帧会自动进行记录。

为了使动作尽量平滑，可框选所有关键帧，右击，选择"关键帧辅助"→"缓动"，关键帧会显示为沙漏状图标 ⧗。

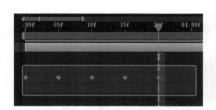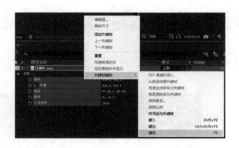

按空格键进行渲染播放，发现物体下落和反弹的速度一样，但需要的效果应该是快起缓落，所以我们还需要调整运动路径中的手柄。激活第一个关键帧，选中第一个落点的左侧手柄，调整到与下落线平行，再选中右侧的手柄按住 Alt 键调整至与上升线平行，使用同样的方法调整第 15 秒处的关键帧，然后按空格键进行渲染播放，发现圆环具有希望的跳动反弹效果了。

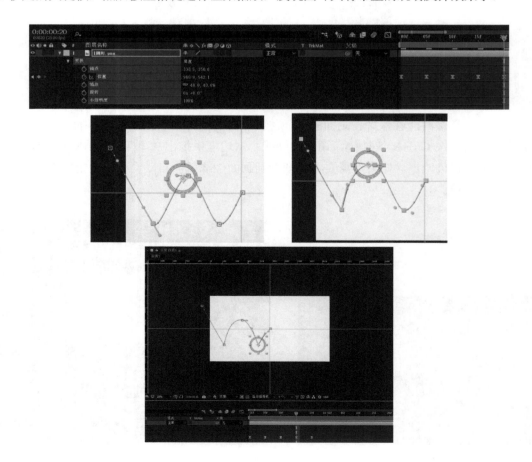

　　下面我们继续介绍关键帧的其他用法。再导入一个圆环，放置到时间线上。选中第一个圆环上所有的关键帧按 Ctrl+C 快捷键，选中第二个圆环按 Ctrl+V 快捷键，这样就可以把第一个圆环上的关键帧动画赋予第二个圆环，把第二个圆环在时间线上向后移 5 帧，就可以清晰地观察到，它们有一样的运动路径。

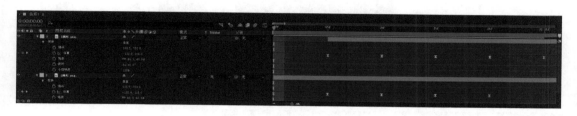

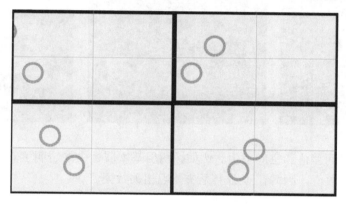

　　使用图层属性中的  按钮可以随时添加或取消关键帧，在时间线上按 Alt+→或←方向键可以逐帧微调关键帧的位置，按 Shift 键可以选中多个关键帧。为了方便找到关键帧也可以在时间线 菜单中选择"使用关键帧索引"，通过数字找到关键帧。

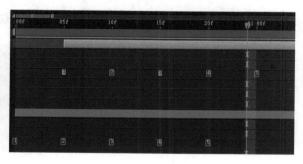

　　在运动路径中有几种不同的关键帧方式。选择一个关键帧，右击，选择"关键帧插值"，打开关键帧插值面板，默认为线性，就是匀速的。另外还有贝塞尔曲线、连续贝塞尔曲线和自动贝塞尔曲线，以及定格。定格是指物体运动到这个关键帧会静止，直接跳转到下一个关键帧。

在图表编辑器中也可以完成关键帧类型的转换，其中的图标要比菜单更为直观。

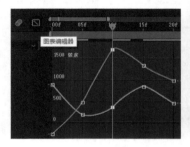 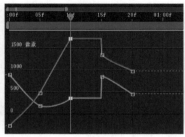 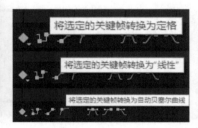

关键帧分为时间差值和空间差值。例如，图层基本属性中的透明度具有时间差值，其只能在时间线中设置数值，因为在画面上无法体现相关数据。

空间差值代表位置、缩放、旋转等属性，具有空间上可调整的属性，它既可以在时间线上设置，也可以在画面上直接操作记录关键帧调整属性。

关键帧中还有一类漂浮关键帧，右击关键帧在弹出的快捷菜单中选择"漂浮穿梭时间"，其主要作用是平滑路径。

 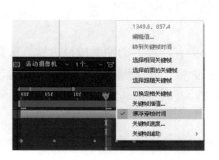

在关键帧动画中，我们也可以使用特定的路径来制作动画。首先，新建一个纯色图层，并使用钢笔工具绘制一条路径。

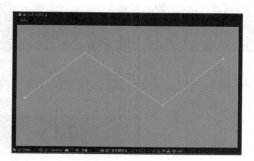

使用转换"顶点"工具把中间的节点修改圆滑。

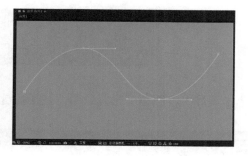

把需要添加运动效果的物体（如云层）调入时间线中，在纯色图层的蒙版属性中找到蒙版路径，按 Ctrl+C 快捷键进行复制。

在云层属性中的需要位置按 Ctrl+V 快捷键，关键帧将按照曲线上的节点粘贴到时间线上，可以根据需要调整持续时间的长度和中间关键帧的位置。

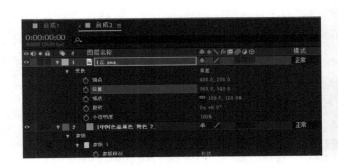
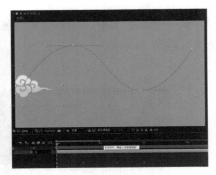

用关键帧设置一个滑动展示效果的实例如下。

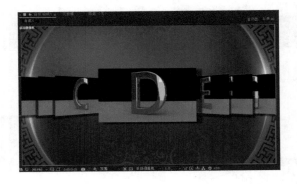

导入 7 张节目内容图和 1 张背景图，按快捷键 S 将其整体缩小至 35%。

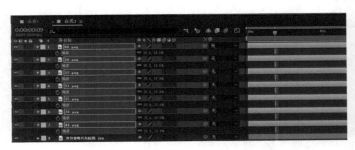

打开 4 个视图和所有图层的三维图层按钮 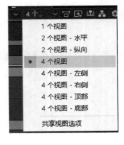，将左侧的 2 张图沿 Y 轴旋转-60°，将右侧的 4 张图沿 Y 轴旋转 60°，并摆放好位置。

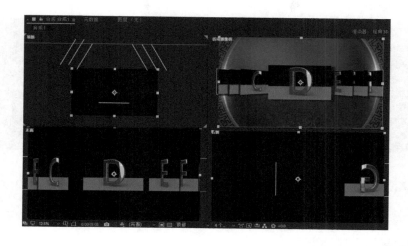

选择菜单命令"效果"→"透视"→"投影"，给图层增加立体感。

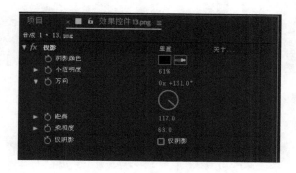

使用锚点工具把中间图的中心点移动至画面左侧。

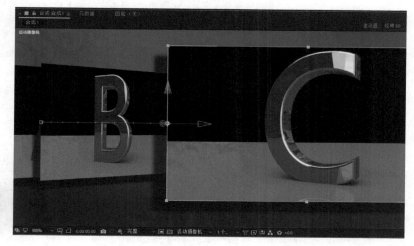

　　设置旋转关键帧 0 至 -60，时长为 10 帧，角度与其他图保持一致。设置位置关键帧向后平移图，以左侧其他两张图为参考。

 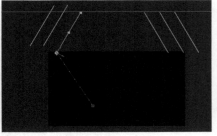

设置左侧两张图的位置关键帧，使之向左后平移，并与关键帧位置错开 1 帧，让动画显得更自然。

使用锚点工具 设置右侧第一张图的轴向为右侧边缘。

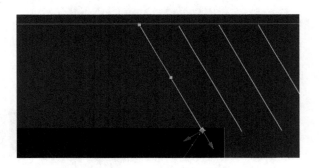

在右侧第一张图的 Y 轴处设置关键帧 60 至 0，从第 1 帧至第 11 帧处设置位置关键帧，使其移动至画面正中，可以复制左侧初始画面位置的关键帧。

 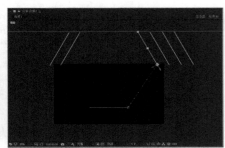

设置右侧 3 张图的关键帧，位置向左侧平移，使 3 个动画都相互错开 1 帧。

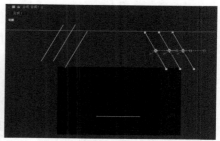

最终效果如下所示。

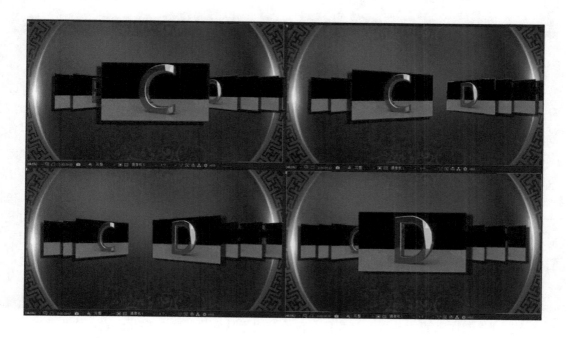

小结：关键帧动画相当于二维动画中的原画创作，可以记录物体或角色从一个位置或形态向另一个位置和形态变化的过程。当创建关键帧动画时至少需要两个关键帧才能形成动画，一个用于起始状态，另一个用于结束状态。在复杂的动画中要让运动的路径自然流畅，需要进行反复的尝试和经验的积累，合理利用关键帧之间的差值，可以在效果、空间位置、透明度、颜色变化等方面为动画增加创意和效果。

4.3 跟踪与稳定

制作节目时，我们经常会遇到由于拍摄条件有限或摄像失误造成的画面抖动，而在后期的编辑中又没有可替代镜头。这时通常会用到稳定功能，以消除镜头的晃动，使画面保持稳定。而跟踪功能主要用于特效的处理，跟随画面中的某个物体，附加或处理成特殊效果。例如，《辛德勒的名单》中，为了渲染气氛，只留下小女孩衣服的红色，在周围灰色的绝望中，小女孩就像是这些人唯一的希望。还有为满足宣传片中的特定需求，在画面中每个人头上都做了附加圆环，代表社会的运转与忙碌。

1. 跟踪（Tracking）

在节目制作中，通常会用到 AE 中的跟踪器（Tracker）。它具有强大的动画功能，可以对动态素材中的某个或多个指定的像素点进行跟踪，然后将跟踪的结果作为路径，进行各种特效处理。AE 中的跟踪器主要分为跟踪运动和稳定运动两种方式。跟踪运动一般应用于将跟踪的路径应用在其他的图层上，使一个图层跟踪另一个图层的某个或多个像素运动。稳定运动一般用于防止画面摇晃、抖动。

AE 后期版本增加了跟踪摄像机和变形稳定器，其中跟踪摄像机是指系统自动计算出运动镜头内可用的跟踪点，并利用空对象图层和摄像机模拟出位置，以达到想要的效果。而变形稳定器主要是为了稳定摄像机的抖动。这两项的效果与跟踪和稳定功能基本相同。下面我们主要讲述跟踪的使用。跟踪主要分为以下 4 种方式。

（1）一点跟踪

利用素材中有汽车飞起和爆炸的视频，可在车身上找出一个明显的像素点，要保证此像素点从头到尾都在画面的范围内，并且一直比较明显且变化不大。将此像素点作为跟踪点，让灯光跟随车灯运动，使灯光只有位置的变化，这就是一点跟踪。

（2）两点跟踪

两点跟踪与一点跟踪的区别在于，物体包括位置和旋转角度的变化。它需要两个跟踪点，如果在视频素材上本身没有跟踪点，就需要像下图中显示的一样，自己标注出跟踪点（两个红色的标签），以方便我们制作出跟踪效果。

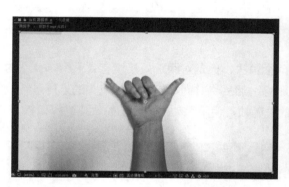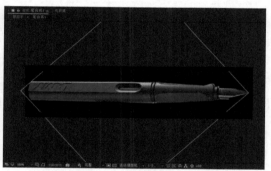

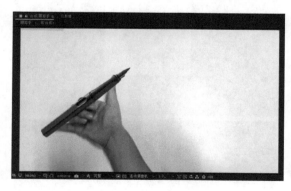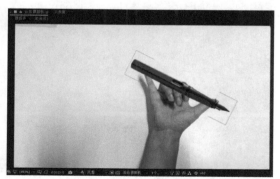

（3）四点跟踪（透视跟踪）

四点跟踪指素材在跟踪过程中会有透视变化，随着跟踪点的增多，画面在空间上的变化会更加丰富，但受镜头拍摄的影响也会越大。

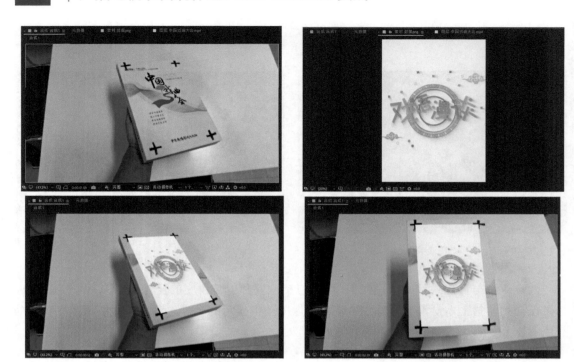

（4）断点跟踪

断点跟踪指跟踪点在跟踪过程中有一段时间会消失，但是对跟踪效果没有太大影响。它的主要技巧是，在遮挡物影响到跟踪轨迹前停止跟踪，然后将时间线指针放到镜头的末尾进行反向跟踪，在临近遮挡物时停止跟踪，对于中间的关键帧，使用手动根据移动的轨迹进行调整。

下面介绍跟踪运动的基本流程。

① 拍摄素材。若是自己拍摄的素材，在拍摄过程中，就要把跟踪点标记出来，方便后期制作时添加效果。这一点很重要，往往有许多精心拍摄的素材，在后期制作时无法使用，就是由于前期拍摄时和后期制作人员缺乏沟通，没有设置合理的跟踪点，造成后期制作时无法跟踪。

② 添加合适数量的跟踪点，也就是对跟踪类型的选择，关于跟踪点如下所示。

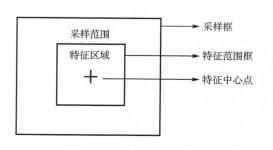
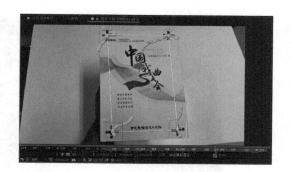

③ 调整特征区域、采样范围和特征中心点。特征范围框用于指定跟踪对象的特征区域；外面的框称为搜索范围框，用于定义跟踪的采样范围；中间的十字是特征中心点，用来得到跟踪轨迹从而生成关键帧的位置。

④ 选择跟踪对象。

⑤ 分析计算跟踪点的轨迹。

⑥ 根据需要重复执行操作。

⑦ 应用跟踪数据。

按照上述这些基本操作步骤来执行，就能很好地实现跟踪的效果。在跟踪过程中遇到光线变化、物体被遮挡等问题时，我们可以通过手动调节跟踪点，或者重新选择跟踪点的方法来解决。

下面介绍应用一点跟踪的方法制作光绘摄影的案例。光绘摄影是指在长时间曝光中，通过光源的变化创造特殊影像效果的一种摄影方式，这里使用跟踪的方法制作光绘摄影的效果。

要制作这个效果的素材，我们可以直接打开手机屏幕，在一个比较暗的屋子里挥动手机，

由于存在亮暗对比，因此手机的运动轨迹后面会产生光线拖影的效果。

在制作这个效果之前，我们需要思考一下实现的步骤：①如何得到手机的运动路径。②如何沿着手机的运动路径绘制线条，即如何将手机的运动路径赋予产生线条的特效。③如何把线条变成彩色光带。

要获得手机的运动轨迹，这就需要应用到 AE 里面的跟踪运动。打开 Tracker（跟踪器）面板，暂时不要修改任何参数，在图层中调整追踪点的位置及采样框的大小。

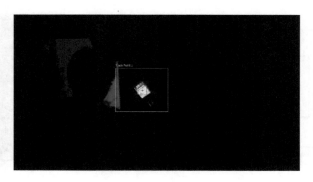

观察跟踪手机得到的关键帧数据出现在屏幕的底部，可以将跟踪点移动到手机底部，左图为跟踪路径，将十字（特征中心点）移动到手机的底部；右图为得到的关键帧，关键帧出现在手机的底部。

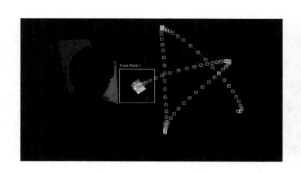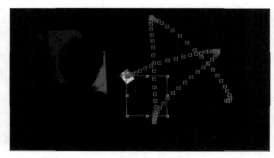

特征区域要设置为一个合适的大小，应刚好能表现出跟踪点的特征。在很多情况下，跟踪的好坏取决于采样范围的设置，所以一定要多尝试几次，直到找到效果最佳的位置。特征范围框不能太大，因为要确保在视频的任何一帧中只能有一个跟踪点，不能混入其他类似的点，否则采样范围就会变成在两个跟踪点之间跳动；特征范围框也不能太小，要确保在视频的任意时间帧内，无论跟踪点如何运动都必须在采样框内，否则可能搜索不到跟踪点。

一般跟踪时，时间线指针应放在需要跟踪的时间位置，这里我们只需要放在第 1 帧处。单击播放按钮，时间线指针会自动向后播放，AE 同时自动记录跟踪点的关键帧轨迹。

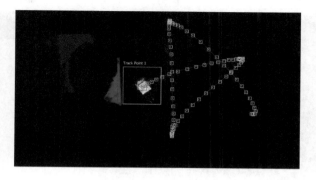

　　跟踪过程中如果出现采样框脱离跟踪点的情况，可以再次单击播放按钮，暂停追踪，然后手动调整采样框的大小和位置，从脱离处重新开始追踪，直到效果满意为止。完成跟踪计算后，需要一个用于赋予跟踪路径的目标图层。新建一个空对象图层作为跟踪的目标图层。

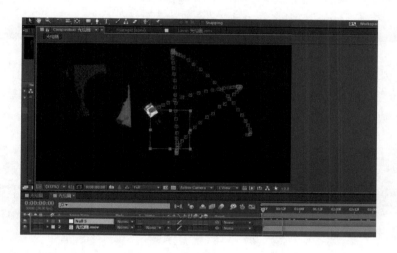

　　在 Tracker 面板中设置 Edit Target（编辑目标）并应用跟踪数据，可以看到新的空对象图层的位移属性上出现了关键帧序列。这就是跟踪在案例中的应用。

　　下面介绍将路径转换为光线的步骤。新建一个纯色图层，建议重命名为"光线"，添加特效命令 Generate（生成）中的 Write-on（书写）命令。

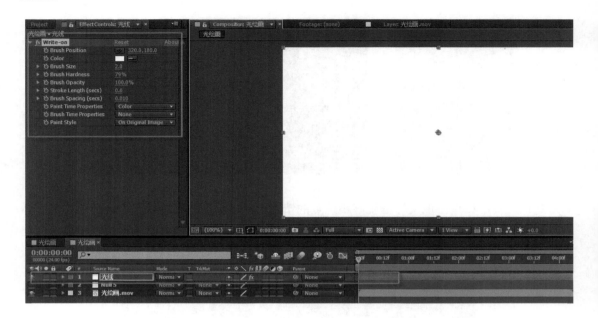

　　这里有一点需要详细说明，在时间线中展开 Write-on 特效的参数，按住 Alt 键并单击 Brush Position（笔刷位置），为此参数添加表达式，拖动表达式的连接"皮筋"到空对象图层的位移 P 参数上。

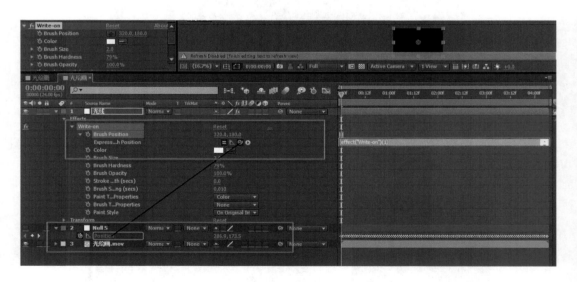

　　可以看到，由于笔刷位置被替换为空对象图层的位移数值，因此 Write-on 特效也与空对象图层一起移动，这属于表达式的单个属性关联，类似于父子关系。播放预览效果，并调整 Write-on 的属性值，使其达到最好效果。

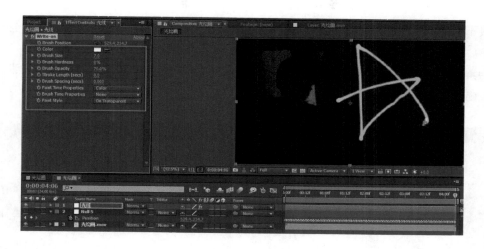

　　已经能看出大致的图形了，但是不太美观，还需要添加一个 Stylize（风格化）的 Glow 效果。

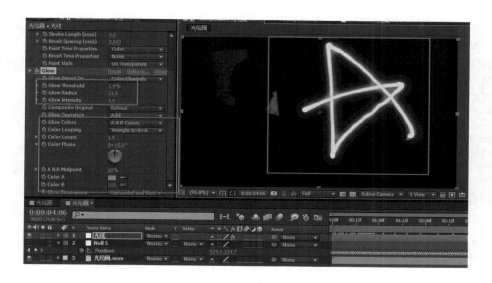

2．稳定（Stable）

　　稳定指对拍摄中由于其他因素干扰造成的画面抖动进行平稳处理。稳定的步骤与跟踪的基本相似，其最大的区别在于跟踪的效果作用于被跟踪物体，而稳定则是稳定视频素材本身，即对画面的放大加跟踪路径的附加处理，其操作步骤如下。

　　① 选中视频素材图层，打开 Tracker 面板，单击 Stabilize Motion（稳定运动）按钮。

　　② 勾选 Position（位置）和 Rotation（旋转）复选框。

　　③ 设置跟踪点的位置和特征范围框的大小。

　　④ 自动进行分析计算。

　　⑤ 单击 Apply（应用）按钮，应用稳定效果。

　　⑥ 观察素材图层，可以看到生成了密集的关键帧。

接下来介绍 AE 中新增的 Track Motion（跟踪摄像机）功能，其应用相当广泛且操作步骤简单。不过与跟踪运动方式不同，跟踪摄像机是以特效命令的方式存在的。

为素材添加跟踪摄像机后，摄像机特效会自动分析计算视频素材里可以跟踪的素材像素点，但由于是自动分析计算，所以经常会出错。

在跟踪摄像机过程中，一定要了解摄像机的拍摄类型，包括视图的固定角度、变量缩放和指定视角。

① 视图的固定角度。在被解析的视频素材中镜头是固定不变的。

② 变量缩放。在被解析的视频素材中镜头有推拉、旋转的变化。

③ 指定视角。在被解析的视频素材中镜头固定，但镜头中的主体是动态的，需要解析的是主体上的跟踪点。

所以在解析时，我们一定要根据素材的不同选择不同的选项。例如，如果当前镜头是旋转的，镜头中的主体人物也是动态的，就可以选择变量缩放或指定视角，通过对比进行选择。需要注意的是，解析的快慢，同计算机的配置和素材的长短都有关系。

图中的十字形颜色标记就是摄像机解析出来的所有画面中的跟踪点，由于需要在视频中的墙壁上放一个标记，因此可以将地面上的跟踪点删除，方法是，选取地面上的跟踪点，直接删除即可。

　　在选择跟踪点时，一定要选择在时间线上从头到尾都存在的点。右击跟踪点，选择"创建空白和摄像机"选项。

　　在时间线上会出现一个三维的空对象图层和一个摄像机，继续调入需要加入场景的素材即可。例如，将一个 Logo 调入时间线，并且改为三维图层，将 Logo 的位置调整到需要放置的地方，这里是墙壁上"福"字的下方。Logo 会根据所选择的跟踪点随镜头一起移动，拖动时间线指针可以观察到素材已完全匹配到场景当中，只需要加以调色即可。

　　后期制作中，在使用航拍镜头前需要做稳定处理，这是经常会遇到的情况。使用 Warp Stabilizer（变形稳定器）可以自动对镜头进行稳定处理，以解决一些在拍摄中产生的抖动情况。但变形稳定器也不是万能的，它无法处理由于前期拍摄造成的画面模糊或镜头剧烈晃动的情况。变形稳定器在跟踪器面板中，选择好镜头后就可以在效果控件中自动添加为变形稳定器 VFX，画面上会提示后台分析计算的过程。通过对画面进行适当的放大和缩小，达到修正抖动的目的。变形稳定器使用起来非常简单，也可以通过调整稳定的方法来处理不同的情况，如缩放和旋转等。

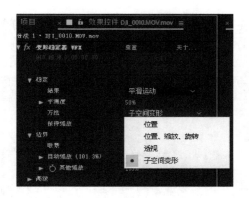

　　稳定运动和跟踪运动原理相同，都是根据跟踪目标点形成路径，但稳定的目标作用于镜头自身，通过跟踪画面中明显的目标点来分析抖动偏移的位置，纠正画面抖动的幅度。它既可以通过一个跟踪点完成，也可以通过旋转功能，利用两个跟踪点之间的角度变化来校正旋转的角度，以及两个跟踪点位置的变化来校正缩放的大小。

　　小结：跟踪和稳定是常用的影视后期特技，其不同之处在于稳定作用于画面本身，跟踪则附加于其他对象之上，但它们都会利用跟踪所得到的运动轨迹，很好地完成特效的应用。

第5章 调色功能

5.1 色彩校正

在电视节目的后期制作中都会遇到调色的问题，在常规的机房中都会配备示波器和监视器，在分辨颜色的细节时还需要根据示波器的图形来进行直观判断。

在调色环节中无论新老监视器都会出现偏色现象，正确使用示波器是准确把握颜色的关键，本节使用 AE 插件 Test Gear 2.5.4 示波器进行讲解，在实际工作中应以专业示波器为准。

安装完 Test Gear 2.5.4 示波器后，选择菜单命令"窗口"→"Lumetri Scopes"打开示波器。下面对示波器进行简单的介绍。

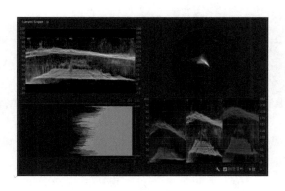

亮度波形示波器：主要用于分析曝光，横轴从左到右与图像中的像素一一对应，顶部代表高光，底部代表阴影（播出标准为纯亮度信号电平不超过 721 毫伏）。在专业示波器上可以做亮度值和毫伏单位的转换，图像中正确的曝光应该是均匀分布的。

例如，下面的图像由于曝光不足，其波形都堆积在示波器下方，整个画面缺少层次感。

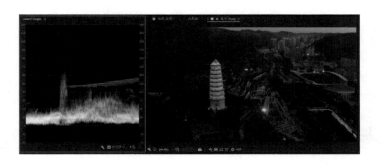

下面的图像由于曝光过度，其波形全部顶在示波器的上方，亮部细节损失。一般对于曝光不足的情况，可以通过调节还原画面细节，但对于曝光过度的情况，就无法找回细节了。

在观察示波器时，应利用示波器中波形的分布发现画面中的欠缺，而且它往往比监视器更直观。

RGB 波形示波器：主要用于分析色彩平衡，同亮度波形示波器的原理一样，只是把 R、G、B 分开显示。可以通过 RGB 示波器观察色彩平衡，例如，下图蓝色波形过高，因为色彩不平衡导致了偏色。

矢量显示器：主要用于分析图像中的色彩，与色轮一样，中心点为白色，越往边缘，其饱和度越高，色彩越鲜艳。其竖线为肤色指示器，若偏离则代表肤色不正常。我们通过矢量显示器可以直观地看到 R、G、B 三原色和品红（MG）、黄（YL）、青（CL）三个次生色，图像中的色彩范围会在波形中表示。如果波形超出这 6 个点的指示范围，则不符合广播安全的要求。例如，如示波器中黄色伸展的波形就是由图像中宝塔的灯光造成的。

直方图：主要用于分析色彩平衡和亮度超标，也可以用于分析曝光效果。它的波形从左至右，左边是阴影，右边是高光，图像像素按照亮度堆积成波形，正确的曝光应均匀分布。由于 AE 插件中的直方图显示和常规的不同且无法调节，所以这里是从 FCPX 软件中截取的直方图效果。

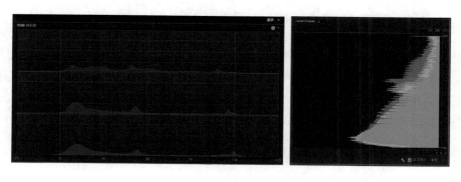

图像暗部较多时，波形就会堆积于左边的阴影区。

图像曝光过度时，波形就会堆积于右边的高光区。

图像偏色时，波形的高光部分是不对齐的，还有部分会超出安全边界。

在对画面进行色彩调整时，我们需要注意曝光、动态范围、对比度、色彩平衡等内容。在拍摄采访时，曝光和肤色的色彩平衡可能会不太理想，我们可以利用亚当斯分区曝光法来设置曝光，如肤色的指数通常在 5~7，其对应的示波器亮度信号电平就设置为 500~700 毫伏。我们也可以人脸的局部调整，作为整个画面的曝光参考。

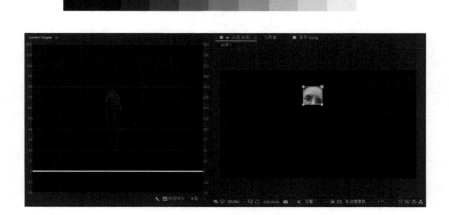

动态范围：就是把亮部和暗部调整成最佳效果。由于人眼可观察的动态范围更广，当画面经过摄像机压缩后，亮部和暗部都会受到抑制，还原到监视器上时，画面就会发灰，这时应注意暗部的亮度信号电平应保持在 0，并加大画面的对比度，层次感和景深自然就出来了。但要注意画面的细节损失，例如，在示波器中，画面中阳光的亮度信号电平超过 700 毫伏，白墙或白色衣服的亮度信号电平为 500～600 毫伏。这时我们就要根据具体环境扩大动态范围，减少对细节的损失。

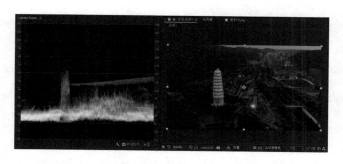

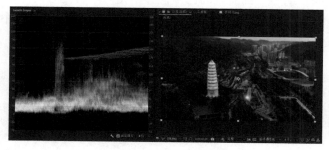

色彩平衡：将镜头中的颜色调整到接近人眼看到的颜色。在拍摄中会有很多因素影响画面造成偏色，如环境反射、灯光、机器色彩平衡没有调整好等。在调整前应观察 RGB 波形示波器中是否有某种颜色的波形升高了。在调整时既可以降低这种颜色，也可以增加这种颜色的反色，大部分的镜头中只要把亮部的色彩平衡调节好，问题就能得到解决，因为画面偏色往往是因为光线对亮部的影响最大。

在调色的过程中,我们可能要进行二次创作。我们通过建立基调让观众能够感受到所要表达的气氛或感觉,如心情、时间、环境、风格。

① 表达特定心情。在一级调色的基础上,赋予镜头更多的表达内容,可以通过提高饱和度表达乐观、充满活力的效果,通过降低饱和度表达绝望、阴森的效果;通过调节色彩平衡产生暖色,表达温暖、舒缓的效果,也可以采用偏蓝色表达紧张、压抑的感觉。

② 表达特定时间。从烛光到蓝天的色温值各不相同,日出时的色温为 2000K 左右,正午时的日光为 5000K 左右,阴天时的日光为 7000K 左右。我们在工作中可以根据特定的色温值调节画面,以达到想要的效果,如清晨、正午、傍晚和深夜。

③ 表达特定环境。例如,在制作电视节目时,冷色调代表敌对区域,暖色调代表和平区域。采访的背景颜色同样可以表达特定的环境,如温暖的餐厅、冰冷的城市建筑。要注意的是,在调节完背景后,应在二级调色中对人脸肤色进行单独调节。

④ 表达风格化。这种手法常用在宣传片、MV 和广告中,可以分为 4 步:第一步确定

主题色调，如单色配色、互补色配色、多种组合配色；第二步根据主色调创建整体环境；第三步对单独物体进行调节；第四步选择暖色或冷色的偏色效果，让镜头更容易表达出节目中的情绪。在电视节目的颜色调整中，也可以采用一些经典色或流行色，如《无间道》中的青绿色，《霍比特人》系列中的橙红和青蓝互补色的搭配，《2046》中的经典黄绿色，《星际穿越》中冰冻星球的暗部墨绿和亮部淡黄色等。

二级调色就是在一级整体调色的基础上，针对画面的特定部分进行修正，如蓝天、肤色、光线、植物等。对视觉特别敏感的颜色，在画面中不会产生太大的色差。

在二级调色中，我们主要会用到颜色遮罩和形状遮罩这两种工具。颜色遮罩就是先用吸管吸取画面中特定区域的颜色，再利用选区对特定的颜色进行调节，可以根据曝光、颜色、饱和度来选择特定的区域。形状遮罩指在画面上绘制一个可以调节的圆形或四边形，对其内外区域进行分别调节。也可以同时使用这两种工具，进一步对局部进行调整。

在二级调色中，需要通过突出主体起到吸引观众注意力的作用，首先要确定目标，如采访中的人物，外景中的主体建筑。让观众关注主题想要表达的部分，而不是其他内容。

前期拍摄回来的素材画面常常会有色彩效果不理想的地方，如画面偏灰、色彩不够艳丽。或者后期制作中有一些特殊的要求，如需要色调冷暖的偏移、单独颜色的提取等。选择菜单命令"效果"→"颜色校正"，其子菜单下有很多关于颜色调整的效果控件，可用于不同的情况。我们需要通过反复尝试才能理解和掌握它们。

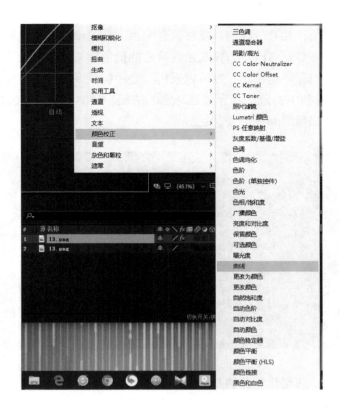

从理论上说，调色大致可划分为大景别和小景别。景别是指由于摄像机与物体之间的距离不同，而造成被摄像物体在画面中所呈现出范围大小的不同景别。景别的划分一般可分为5 种，由近至远分别为：特写（人体肩部以上）、近景（人体胸部以上）、中景（人体膝部以上）、全景（人体的全部和周围背景）、远景（被摄像物体所处的环境）。通常远景和全景被称为大景别，在这种景别下，调色主要调整的是环境氛围。环境会影响影片的整体氛围，所以人置身于环境中，不同的环境赋予人物不同的情感表现。小景别通常指特写、近景和中景。人物特写着重表现的是人物某个瞬间的情感流露，所以小景别的画面主要是调整人物的肤色，一个好的肤色既可以使人变得漂亮、帅气，也会体现出较好的精神状态，而环境则成为画面中的附属品。

从操作流程上看，调色可以大致划分为调色和校色两种类型。将拍摄的画面所产生的偏色进行修正、还原出画面内容原本的颜色，称为校色。当然，校准后的色彩与电视节目想表现的主题一定是相符合的，因此校色之后，还要对一些颜色进行处理使其具有更好的艺术表现效果或情感倾向。此种颜色调整称为调色。

虽然我们是以 AE 软件为例介绍调色的，但调色的方法适用于所有调色软件，包括 DaVinci 软件和非线性编辑软件等。首先，介绍调色的基本命令，即 Curves 曲线。在很多调色软件中都有 Curves 曲线这个命令。在曲线中，从左下至右上依次表示的是画面的暗部、中间调和高光部分。最简单的解释就是，当曲线向上时画面会变亮，当曲线向下时画面会变暗。一个经典的 S 曲线可以增强画面的对比度。

在 R、G、B 色彩曲线中也可以对画面的红、绿、蓝分别进行调整。R、G、B 这三种颜色可以混合出所有的颜色，这三种同时混合相加为白色，红色与绿色混合是黄色，红色与蓝色混合是品红色，绿色与蓝色混合是青色，红色的补色是青色，绿色的补色是品红色，蓝色的补色是黄色。增加补色的同时即是减少原色。例如，如果想增加红色，就使红色的值增大，如果想减少红色就使红色的值减小，即增加了红色的补色青色。下面举例来介绍颜色的基础调节。下面画面是未做任何处理的原始画面，选择菜单命令"Effect" → "Color correction" → "Curves" 添加曲线命令后，在曲线面板中下部的位置添加一个调节点，并向下拖动，可以看到整个画面变暗了，这种明暗的变化比较符合夕阳下天空与逆光景物间真实的亮度对比。

　　但是这样调整之后，画面中的暗部太黑了，基本没有细节，所以需要对地面的亮度进行单独调整。在曲线上再增加一个调节点，位于之前那个调节点之下，然后将其向上再调整一点点，可以看到暗部增加了一些细节。不过虽然画面效果有所提升，但层次还不够丰富，所以需要继续进行调整，以增强暗部的层次，虽然只是细微的调整，也是必要的。因为变化比较小，通过大屏幕能看得比较清楚，因此调色时，对于监视器和屋内的光线也要有一定的要求。调色时，要特别注意画面中细节的变化。

　　继续增加调节点以调整暗部细节。将暗部细节调整好后，可以再调节亮部的一些细节。在曲线的上方添加调节点，虽然曲线上能看到明显的线条变化，但在实际画面中只是亮部更亮了一些，具体变化如下所示。

　　在曲线命令中，Channel 通道有 4 个选项，分别是 RGB、R、G、B。在对画面的整体进行调色时，选择 RGB 选项；在对画面中某种颜色进行单独调整时，可以分别选择 R、G、B 选项进行调节。通过对 R、G、B 中间色调的调节，可以对画面的颜色进行偏色处理。下面我们对刚才的画面选择蓝色通道和红色通道加以调整，图中红色线框内是通道的选择。对于一般的画面来说，绿色通道基本不用调整，通过调整红色通道和蓝色通道就能达到需要的效果。

曲线在调色中的作用是非常巨大的，运用的手段也非常灵活，在学习实践过程中，通过观察调整不同曲线带来的效果，巩固并灵活掌握曲线调色的方法。

偏色作为电视节目录制中常见的问题，需要在后期进行快速处理。偏色大多是由于前期拍摄时白平衡没有调节好，或在极端的光线条件下拍摄，以及设备本身的感光问题等造成的。下图有些偏蓝，需要先对素材的偏色进行校正，再进行适当的调色处理，以达到满意的效果。

这个画面的偏色是不能直接进行偏色校正的。由于画面整体发灰且偏亮，颜色不够饱满，所以要先调整亮度和对比度，给素材使用 Curves 曲线命令并添加调节点。

通过调整，整个画面的亮部和暗部都可区分出来。但画面的整体效果偏蓝，屋顶的亮部有点过于白了，还需要把画面的亮部和暗部分开，再做细微调整，这里需要用到色彩平衡（Color Balance）。

色彩平衡是 AE 中调整偏色非常有效的特效之一，其有 9 个调节参数：分为暗部、中间调和亮部三部分，每个部分又分为红色、绿色、蓝色三个平衡通道。色彩平衡操作时，一般来说，若暗调的偏色稍微严重些，亮调就会稍微轻一些；调整时选择 Preserve Luminosity 选项用于保持亮度。由于画面中红色比较多，所以在调整过程中，可适当增加一些红色来突出红色的墙面。

校正偏色之后，还需要对画面进行进一步的美化。在颜色校正（Color Correction）中有很多选项，如 Curves 曲线、H/S 色相/饱和度、Level 色阶等。在这里，我们使用色相/饱和度，它特有的调色方式是用色相、饱和度、亮度三个基本属性描述色彩，对色彩进行最直观的调整，甚至可以对某种单独颜色的色相进行调整。在 Channel Control 中选择要调整的通道即可完成对单独颜色的调整，如调整画面中红色的饱和度或调整绿色调以增加其鲜艳程度。

　　当基本色调设置完成后，我们可以使用一些通用的调色方式，再美化一下画面，例如，为画面添加边角压暗的效果，这样可以使画面的中间调或视觉中心的亮度更加突出。同时可以用遮罩的方法对画面的四周添加一点点模糊效果，其目的与边角压暗一样，可突出画面的中心部分。这些效果被添加之后，在镜头中可以更突出主体。

　　在边角压暗的过程中并不需要把 4 个角都压暗。如果完全压暗，画面会感觉比较压抑。所以，在进行边角压暗时，一般会给画面留一些透气的地方，称为气口，如光源部分或主题画面朝向的方向。对于本例来说，光源方向即画面的右上方就可以作为气口，对其不进行压暗处理，在画遮罩时注意避开就可以了。

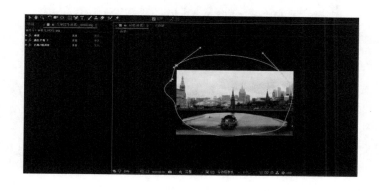

　　在对颜色进行调整时，天空的云受到了些影响。我们需要单独把天空进行蒙版处理，尽量保留云的层次。复制一个图层放至最顶层，把天空的部分用钢笔工具勾出来。

增加色彩平衡效果，为天空增加蓝色，尽量保留天空中云层的细节，最终效果如下所示。

接下来，我们做一个由夏季转化为秋季的颜色调整。首先，导入树叶的图片。

选择菜单命令"效果"→"颜色校正"→"色相/饱和度"，设置通道控制为绿色，并调整其色相为-100。

　　添加镜头光晕，可使镜头看起来更自然。选择菜单命令"效果"→"生成"→"镜头光晕"，将光晕的中心点拖动至画面较亮的地方。

　　下面我们用 AE 自带的效果来制作一个水墨效果，在制作之前，先简单地分析一下水墨效果的特点。

　　① 水墨效果是以黑白色为主色调的，即使画面中包含其他颜色，也会非常浅。

　　② 水墨效果的勾边部分笔触比较清晰，其他不重要的部分可直接去掉。

　　③ 水墨效果应该有宣纸的晕染效果。

　　④ 水墨效果的墨色应有淡有浓，有虚实变化。

　　制作水墨效果的具体步骤如下。

　　模拟水墨画笔触的形态。通过调整浅色调来实现去色，并采用查找边缘特效找到水墨画的清晰边缘，用中间值特效对水墨线条进行平滑处理。这样通过叠加多个特效，就可以制作出水墨画的笔触效果了。

采用颜色校正中的色调可以将画面变成黑白色调，使用风格化（Stylize）中的查找边缘（Find Edges），并将其勾勒出来。这两个命令在使用过程中，都不需要调整任何数值，直接添加效果即可。制作完的画面虽然线条清晰，但特别粗糙，需要选择菜单命令"杂色和颗粒（Noise & Grain）"→"中间值（Median）"，对粗糙的线条进行柔化。

添加 Curves 曲线可将画面里的杂色去掉，只保留主干线条，达到边缘清晰的效果。

下面制作宣纸上的晕染效果，即在水墨画笔触的基础上做扩散和淡化处理。先复制笔触图层，并关闭原来的图层。选中新复制的笔触图层，重命名为晕染，关闭"查找边缘"命令，重新调节曲线，并选择菜单命令"模糊和锐化（Blur & Sharpen）"→"高斯模糊（Gaussian Blur）"。

打开笔触图层，将笔触图层和晕染图层进行叠加，并使用叠加方式柔光（Soft Light），若发现叠加的效果不理想，可以将两个图层所添加的特效数值进行适当调整，以达到最好的效果。在制作过程中，添加的特效数值并不是固定不变的，根据实际情况可反复修改，多做尝试，以达到最佳的效果。

再添加一个素材图层，重命名为颜色，这个图层用于给水墨画上色。水墨画的颜色都比较浅，而且都是晕染开的，所以选中颜色图层，选择菜单命令"模糊和锐化"→"高斯模糊"，再用 Curves 曲线提高画面的亮度。

将宣纸图层添加到时间线上，并修改叠加方式为 Color Burn（颜色加深）。在天空的部分可以再叠加一层，并用钢笔工具画遮罩，可以看到水墨画的整体效果已经出来了。

小结：调色能够帮助节目内容在创意方面形成独特的配色风格。大多数的后期制作软件都可以实现调色的功能，大同小异。学会调色的方法才能从整体把握色调，掌握颜色间的色彩平衡，运用颜色控制节目的节奏，创作镜头颜色的分割配色等。色彩既可反映客观事件，也是创作者对世界的主观理解。只有把握好色彩的构成，让画面的色彩协调统一且遵循一定的规律，才能够给观众带来视觉上的享受。

5.2 抠像

抠像是电视节目制作中一个非常关键的领域。从狭义上讲，抠像也称为键控，它是指选取画面中的某种关键颜色并使其透明，将其从画面中抠去，使主体从画面中提取出来。抠像是电视节目后期合成的基础，可以说没有抠像就没有合成，例如，在电影中由于拍摄地点的限制，会广泛采用抠像技术。对于普通的静态图像抠像，我们可以用 Photoshop 来实现，当然也可以使用 AE，通过 Mask 抠像合成来处理简单的静帧图像抠图。AE 在视频抠像方面更具有优势，它提供了一组命令用于完成对动态视频的抠像操作。

当需要将人物和虚拟背景合成时，经常会在人物的后面放置一块蓝布或绿布进行拍摄。这种蓝布或绿布通常被称为蓝色背景或绿色背景。在后期处理时，可以很容易地将纯色背景处理成透明的，从而提取出主体。由于欧美人眼睛的颜色接近蓝色，所以会使用绿色背景，亚洲人的肤色与蓝色背景的色彩为补色，对比最强，所以会使用蓝色背景。如下所示就是在蓝色背景下拍摄的素材与背景素材合成后的结果。

在 AE 里抠像主要有三种方法，即 Mask（遮罩）、Matte（蒙版）和 Keying（键控）。其中遮罩和蒙版的主要功能并不是抠像，但我们可以借助它们实现抠像的一些功能。

下面通过案例来介绍键控的基本用法。

选择菜单命令"效果"→"抠像"，其子菜单中提供了一组抠像命令。每个命令都是一种不同的抠像方式，可应用于不同的抠像环境，下面介绍每个命令的应用范围。

CC Simple Wire Removal（简易钢丝擦除）：用于擦除拍摄过程中演员身上钢丝的痕迹。一般科幻类或武侠玄幻类影视作品中都会用到钢丝，需要用后期制作软件擦除演员身上的钢丝，如超人。具有该功能的还有 Commotion 软件，它可进行复杂的钢丝擦除、画面细节修复等。

Color Difference Key（颜色差值键控）：对图像中透明或半透明的素材进行键控。例如，蜻蜓翅膀主体是半透明的，使用颜色差值键控处理这种类型的抠像，其画面效果会比较好。

Color Key（颜色键）：用于指定单一颜色的键控，对画面中要抠除部分和要保留部分的颜色接近的情况，处理效果明显。左图中戏曲人物主体服装与背景的颜色非常接近，这种类

型如果使用其他抠像方式是很难将主体从背景中抠出来的。右图是使用颜色键处理的效果。

　　Color Range（颜色范围键控）：对 Lab、YUV 或 RGB 等不同颜色空间进行键控。其主要针对要抠除部分的颜色不纯但差别不大的情况。左图杯子的背景颜色不纯，而且杯子的材质为透明的玻璃，使用颜色范围键控处理这种类型的抠像，可以将背景抠除得很干净，效果如右图所示。

　　Difference Matte（差值遮罩）：通过源图层与对比图层进行比较，并将源图层中的位置和颜色与对比图层相同的像素键控出来，也就是说，先将源图层与对比图层进行并集运算，再减去源图层与对比图层的交集。例如，需要抠出图中的小鸟，由于背景比较杂乱，使用差值遮罩的方式就可以很好地实现抠像。

　　Extract（抽取键控）：通过指定一个亮度范围产生透明效果，将图像中所有与指定亮度相近的像素键控出来，主要用于要抠除部分与要保留部分之间的明暗对比度强烈的素材。

　　Inner/Outer Key（借助遮罩抠像）：指定两个遮罩路径，一个用于所选范围内边缘的键控，另一个用于所选范围外边缘的键控，系统会根据内、外遮罩进行差异比较。这种方式一般用于毛发、衣服褶皱等的抠像。

Linear Color Key（线性色键控）：通过指定 RGB 色彩信息、HUE 色相、Chroma 饱和度将像素键控出来，也可保留之前使用键控处理后变为透明的颜色。这种方式适用于大多数纯色抠像，其应用相对比较灵活，不光是蓝色背景和绿色背景，只要背景是纯色的，并与主体颜色亮度差距很大，都比较容易抠像。

Luma Key（亮度键控）：适用于明暗对比强烈的图像。使用亮度键控可以键出与指定亮度相似的区域。亮度键控可以设置某个亮度值为"阈值"，高于或低于这个值的亮度区域都可以被键出。左图中文字背景相对较亮，这样亮度键控可以根据亮暗把文字键控出来。此抠像方式和抽取键控很相似，基本可以通用。

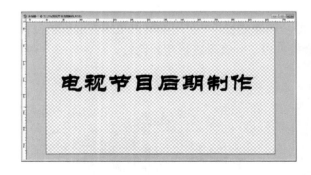 

Spill Suppressor（溢出抑制器）：这个命令并不是抠像命令，其主要功能是去除主体上由于蓝色背景和绿色背景造成的反光颜色。例如，头发、玻璃的边缘在执行蓝屏或绿屏抠像后，经常会出现一些难以去除的蓝色或绿色边缘，此时，使用溢出抑制器可以对这些边缘进行处理，达到理想的效果。值得一提的是，如果在使用溢出抑制器后仍旧不能得到满意的效果，还可以借助色相/饱和度效果来降低饱和度，从而弱化键控颜色。

以上介绍了 AE 中常用的抠像工具，即键控工具。运用键控工具可以把蓝色或绿色的背景替换成其他背景，当然，也不一定必须在蓝色背景或绿色背景下拍摄，只要画面的背景是比较单一的颜色，同样可以使用键控工具提取主体。但是也要注意背景与人物主体的服装、皮肤、眼睛的颜色反差越大越好，这样运用键控工具就能较容易进行处理。

下面我们举例说明抠像功能的综合应用。画面的背景并不是纯蓝色的，而是蓝色的天空。我们要将蓝色的天空抠掉，替换成动态的日出素材。

仔细观察素材，如果要得到较为完美的合成效果，需要分析以下问题：

① 如何将建筑物完整地从背景中提取出来。

② 如何去掉建筑物上反射的天空颜色。

③ 日出素材是一个动态的视频，天空中的色彩亮度在不断地变化，建筑物的颜色和亮度要如何与背景相匹配。

从上面的分析中可以发现，抠像与调色并不分家，经过抠像的素材都需要和其他素材进行色彩匹配，也就是调色。下面我们将从抠像和调色两方面对素材进行处理。

在 AE 中导入素材，选择菜单命令"效果"→"抠像"→"Keylight（1.2）"。

Keylight（1.2）是一种非常著名的键控特效工具。它原本是 AE 的一个插件，但必须单独安装。从 AE CS3 版本开始，Keylight 被直接整合到 AE 中了。Keylight 对于除去纯色背景的功能非常强大,它是基于色阶或对比度的模式来进行抠像操作的,有很多影视大片的镜头抠像均是使用 Keylight 完成的。

Keylight 的操作方法非常简单,单击 Screen Color(屏幕颜色)右侧的吸管按钮,在合成窗口中单击以吸取需要去除的颜色,可以发现 Screen Color 右侧的色块会变成所吸取的颜色。这里我们所吸取的是蓝色,同时合成窗口中被吸取的天空部分也已变成了透明的。

注意,吸取颜色的操作非常重要,有时候只需要用吸管对颜色做透明处理就能完成整个抠像的步骤,所以吸取颜色时一定要选择比较有代表性的色彩。天空都是蓝色的,只要吸取天空中任何一个部分就行了吗?其实不然,因为天空的颜色并非是单一的蓝色,也会有不同的亮度和变化,不同位置存在不同的色偏。所以我们在吸取颜色进行抠除时,应该多次执行吸取命令,直到合成窗口中显示的画面抠像效果最佳为止。

为了更好地观察画面的透明情况,选择 Screen Matte(屏幕蒙版)选项,此时画面变为黑白效果,即黑色为要抠除的部分,白色为要保留主体。在屏幕蒙版选项里,不断调整 Clip Black(素材黑场)和 Clip White(素材白场)的数值,直到达到理想效果为止。

随着对素材黑场和素材白场数值的调整，红色框中的灰色部分已变成黑色，即透明色，也就是完全可以抠除的部分。注意，调整素材黑场和素材白场时，它们的数值不要太接近，素材黑场的数值必须小于素材白场的，否则抠像会反过来。可以看到画面中的天空已被抠除干净了，但楼房上的玻璃依然是半透明的效果，而且通过背景的透明网格可以看到，楼房的边缘过于清晰，不容易与背景融合，

在一般情况下，完成主体抠像后，有的边缘会比较生硬，难以融入背景的画面。因此，要对主体边缘进行柔化处理，调整参数 Screen Pre-blur 可使边缘变得更加柔和。边缘的问题解决之后，再看主体上的问题。楼房上的玻璃因为反射了天空的蓝色，所以被抠像工具抠成了半透明状态。遇到这种情况，通常会单独复制一个图层，用遮罩将主体大概框选出来，同时使用遮罩图层完成 Keylight（1.2）的抠像命令。

这样框选出遮罩的部分只需要去掉玻璃上的反射便可。这里可使用键控命令中的溢出抑制器，调整玻璃反射的颜色，尽可能去掉其中的蓝色。

在完成抠像之后，拖动时间线指针观察抠像楼房和背景视频中天空的色差。这里的背景

视频使用的是一个从夜晚到白天的视频文件，画面中的亮度和色彩是一直变化的。

很明显楼房的颜色与背景不协调，背景中有一个由暗到亮变化的过程。即使直接增加楼房亮度变化的关键帧也不能达到完全匹配的效果，这里需要选择颜色校正（Color Correction）中的颜色链接（Color Link）选项，它可以通过选择源图层中的颜色信息来匹配出合适的效果图层颜色。

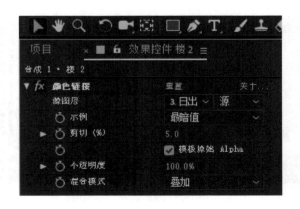

该命令可以使两个图层的颜色进行融合，将一个图层中的颜色信息赋予另一个图层，通过自定义源图层颜色的平均值来重新定义效果图层的颜色，再对其属性进行调整，就能得到理想的效果。

源图层（Source Layer）参数用来定义计算图像像素的源图层，即当前画面变幻颜色所依据的图层，楼房的颜色要与日出图层的颜色相匹配，即根据日出图层颜色的变换而变换，所以源图层应选择动态素材日出图层。

示例（Sample）参数是图像信息的采样方式，这里选择 Darkest（最暗值）选项，是指选取源图层中包含的最暗的 RGB 值。

剪切（Clip）参数只有在示例下拉列表中选择 Brightest（最亮值）、Darkest（最暗值）、MaxRGB（RGB 最大值）、MinRGB（RGB 最小值）、MaxAlpha（Alpha 最大值）或 MinAlpha（Alpha 最小值）等选项时才会被激活，这个参数主要用于定义图层采样的范围。

模板原始 Alpha（Stencil Original Alpha）复选框被激活后，则在新值上添加一个效果图层的原 Alpha 通道模板，反之，则由原来颜色的平均值来填充整个效果图层。

不透明度（Opacity）参数用于设置效果图层的不透明度。

混合模式（Blending Mode）参数指定用于提取颜色信息的源图层与效果图层的混合运算方式。设置好相应的参数后，我们可以拖动时间线指针观察整个画面的变化过程。

经过颜色链接处理后，楼房和天空的颜色已大致匹配了，只是右侧楼房的颜色还比较暗。将楼房图层复制一个图层，并对属性值进行修改，改变源图层与效果图层的混合运算方式。

修改后，发现中间楼房的颜色偏亮了。现在是右侧楼房图层的画面偏暗，中间楼房图层的画面偏亮，根据整个背景的变化过程，我们可以针对偏亮的中间楼房的透明度进行添加关键帧的操作。

调整完楼房的色调后，可以对背景视频使用 Distort（变形扭曲）中的 Corner Pin（边角固定）选项，调整天空的角度，让画面看起来更和谐。

观察整个画面的最终效果，背景视频与楼房的色彩变化得非常自然流畅。通过这个实例，我们可以看到，在抠像的过程中一定会用到调色，它们是密不可分的。

小结：抠像对于蓝屏或绿屏的要求较高，由于欧美人眼睛有许多是蓝色的，所以国外使用绿色背景的较多，而国内常用蓝色背景。另外，现场灯光的均匀程度，以及人或物体的阴影中不能同服装有相近的颜色，这些都需要在前期拍摄时注意到。在高清电视节目中，我们使用的素材在拍摄蓝屏抠像时可以使用 4K 的质量来录制，背景与前景的人或物体颜色反差越大越好，这样录制出的人或物体的边缘细节会更容易被抠取干净。在抠像时，调色尤为重要，若能把边缘颜色调节得非常清晰，就可以配合多种抠像插件达到最好的效果。当拿到视频素材时，我们一定要分析画面的特征，只有选择正确的方法才能获得满意的效果。

第6章 使 用 技 巧

6.1 表达式与脚本

1. 表达式

表达式是指用于在图层上执行一个或多个命令的语言，是设计师和软件沟通的语言。在 AE 中可以使用表达式来控制画面效果，将一个或多个属性添加到控制中，从而实现单个控制并同时影响多个属性。

表达式能够控制的属性类型包括滑块控制、复选框控制、3D 点控制、角度控制和灯光色控制等。

表达式可以用在关键帧的任何属性上，如一个图层的移动或旋转。插件的某个属性也可以添加表达式，如色相/饱和度插件中的关键帧就可以添加表达式。

（1）添加表达式

先选择要添加表达式的属性，然后按住 Alt 键的同时单击（以下简写为 Alt+单击）属性前面的码表 就可以在右边的框内写表达式了。

Alt+单击秒表，其后面会出现 4 个图标。含义如下。

表示表达式对属性产生的作用。

是表达式的图表开关。

是表达式关联的属性。

是 AE 自带的内置函数。

（2）表达式的使用要求

● 区分大小写字母。例如，AE、ae 和 Ae 会被 AE 认为是 3 个不同的内容。

● 使用英文输入法。AE 不识别中文标点符号，并且使用中英文切换会导致表达式出现错误，如中文版定义的颜色是"颜色"，而英文版则是"Colour"。

- 忽略空格和换行。当然也可以使用空格和换行，这样会显得比较整齐，方便阅读。
- 语句末尾应用分号隔开。表达式是由一行一行的语句构成的，每个语句以一个分号（;）结尾。不然会被认为后面的内容是接着前面写的。

（3）表达式中常用的运算符号

符　号	释　义	符　号	释　义
+	加	<=	小于或等于
-	减	>=	大于或等于
*	乘	<	小于
/	除	>	大于
++	递增	%	取余数
—	递减	&&	与
==	等于	!	否

（4）变量和变量类型

变量是用于存储数值的，其相当于一个容器。例如，a=100 就相当于把 100 这个数值放在 a 里面，这时 a 就是一个变量了。

变量需要用等于号"="来赋予一个数值。它要用英文字母表示。

AE 表达式中，变量常见的类型如下。

- 数值。例如，数字 1、1.5、-10。
- 字符串。用双引号括起来，例如，字符串"我在写文档"。
- 布尔值。用 true（正确）和 false（错误）来表示，相当于一个开关。
- 数组。包含多个数值。需要用多个变量表示一个效果时，使用数组，其中有多个数字。例如，[x, y]：x 表示横坐标，y 表示纵坐标。[r, g, b, alpha]：用数值表示 4 个通道的颜色。

数组和单个数值举例如下：

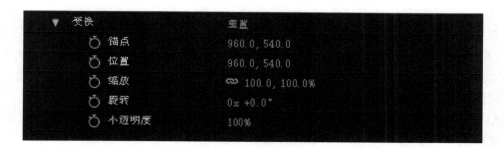

（5）条件表达式

条件表达式有以下三种形式：

只有 if：if {…}

if+else：if{…}else{…}

if+else if+else：if{…}else if{…}else{…}

注意：一个 if 后面可以跟着无数个 else if，但是只能跟着一个 else，且必须在最后面。

（6）循环表达式

循环表达式有三种类型：

● while：如 while(循环条件){循环块;}

● do+while：如 do{循环块;}while(循环条件)

● for：如 for(a;b;c){循环块;}

其中，a 为循环前的语句，b 为循环条件，c 为每次循环执行的语句。

注意，在循环块中添加 break 语句，就会终止该循环。

（7）函数表达式

● 内置函数

AE 提供了许多内置函数，单击 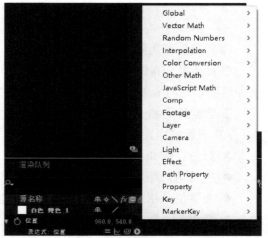 图标显示如下：

● 自定义函数

自定义函数就是用户自己编写的函数。可以用记事本将语句编写好，直接把 txt 文本导入 AE，或者改变后缀名为 jsx 形成脚本文件，再导入 AE 即可。

（8）注释

注释和结果没有关系，它可以用来解释每个语句会有什么结果，但不会被运行。

注释方法如下。

● 单行注释：在语句的后面加上//，后面就是解释的内容，不能换行。

● 多行注释：在语句的后面加上/*和*/，注释内容放在/*和*/之间，可以分几行书写。

2. 脚本

（1）脚本的概念

脚本指一系列的计算机命令，它告诉 AE 如何进行操作。Adobe 的系列软件中，一些重复性的工作都可以使用脚本由计算机自动执行，例如，将图层按照特定的要求进行排序，并替换其中的图像，在渲染完成后发邮件告知使用者。脚本类似于我们平时下载的模板，其中已经编辑好了一些操作，直接使用即可。

AE 的脚本使用 Adobe Extend Script 语言编写，是 JavaScript 高级编程语言的一种扩展形式。该脚本文件以 jsx 和 jsxbin 为后缀名。

（2）脚本的安装

右击桌面上的 AE 图标，查看安装文件所在位置，一般为 C:\Program Files\Adobe\Adobe After Effects CC 2018\Support Files，其中有一个 Scripts 文件夹，把需要安装的脚本文件复制进去就可以了。

也可以把脚本安装在 Scripts 文件夹的 ScriptUI Panels 文件中，这样脚本就可以在 AE 的窗口中显示出来了。

（3）脚本的运行

打开 AE，选择菜单命令"文件"→"脚本"，子菜单中就会出现已安装成功的脚本。

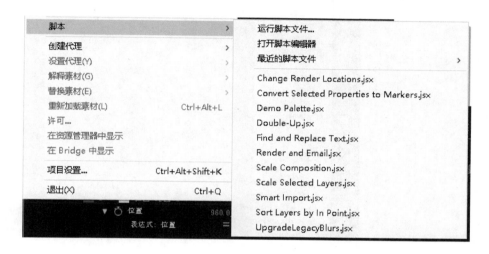

在 AE 中也可以自己编写脚本，选择菜单命令"编辑"→"脚本"→"打开脚本编辑器"，然后进行编写。

有时安装完脚本后，会出现在 AE 中找不到或无法运行的情况。选择菜单命令"编辑"→"首选项"→"常规"，勾选"允许脚本写入文件和访问网络"和"启用 JavaScript 调试器"复选框，就可以打开脚本了。

安装在 Scripts\ScriptUIPanels 下的脚本，可以在 AE"窗口"菜单中找到。

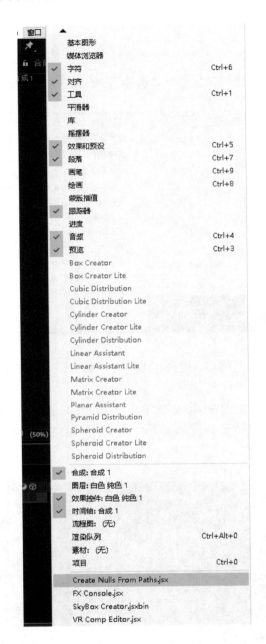

（4）AE 自带的脚本

AE 自带的脚本有：Change Render Locations、Convert Selected Properties to Markers、Demo Palette、Double-Up、Find and Replace Text、Render and Email、Scale Composition、Scale Selected Layers、Smart Import、Sort Layers by In Point、UpgradeLegacyBlurs、Create Nulls From Paths。

（5）AE 常用的脚本

AE 常用的脚本有：Motion2、Auto Crop、Connect layers、Sequence layers、DuikBassel、Lockdown、Typemonkey。

需要注意的是，AE 脚本基于 JavaScript 语言编写，因此不需要进行编译，即脚本语言就是执行性语言。

小结：表达式与脚本可以帮助我们节省大量的工作时间，许多看似复杂、烦琐的效果都可以用表达式或脚本来轻松实现。我们只要能够理解代码的意思，直接套用即可。

6.2　预览与输出

1. 小键盘（0）预览和空格预览

在 AE 合成的工作中，我们需要经常预览效果，使用空格预览和小键盘（0）预览可以提升工作效率。这两者的区别是，空格预览指从当前的时间线开始播放，当场景较多时就会有延时；而小键盘（0）预览是先读入内存缓冲一段时间，再从头播放所在时间线的内容。如果内存不是很大，可以限定工作区域，由于通过内存读取所以播放起来会相对流畅。

还可以通过单击预览窗口中的 **RAM Preview**（内存预览）按钮进行预览。内存预览需要等绿色线覆盖读条后，即预览缓存完毕，再播放。

默认情况下，空格预览不会播放声音，如果需要同时播放声音，可以选择菜单命令"编辑"→"首选项"→"预览"，取消勾选"非实时预览时将音频静音"复选框。

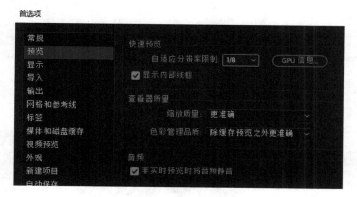

影响预览播放速度的原因有：一是计算机 CPU 的性能、内存大小，以及显卡的显存频率和大小；二是制作内容的复杂程度。当预览播放速度降低时，我们就需要进行释放内存的操作，选择菜单命令"编辑"→"清理"→"所有内存与磁盘缓存"，这样可以释放部分空间。

在制作的项目有几十个图层甚至上百个图层时，如果使用完整质量进行预览，再高配置的计算机也可能遇到卡顿的情况。我们通常会通过降低预览质量来提高预览速度：选择"二分之一"选项，基本上不会影响画面整体的效果，适合对效果有一定要求的预览；选择"三

分之一"或"四分之一"选项，更多的是为了观察制作中动作的流畅程度，是否出现跳动或图层关系有问题的情况，选择"四分之一"选项预览时，画面中会出现马赛克，不适合观察精细度高的细节。无论选择哪种预览质量都不会影响最终的渲染效果，但为了以防万一，在最终的输出模块设置中，一定要检查一下"调整大小"中的内容。

有时尺寸设置会出现问题，如果原始的时间线是 3840×2160 像素，但在"调整大小"中是 1920×1080 像素，则证明输出会有问题，需要到时间线上检查合成设置和预览质量设置，将其调整回完整质量，这样就不会影响最终渲染输出的视频质量了。

还有一种提高拖动时间线预览效率的方法，就是在快速预览中选择"自适应分辨率"选项，这样在拖动时间线预览时就会自动降低画面质量。

这个自动降低画面质量的程度可以通过选择"快速预览首选项"选项来设置，默认是 1/8。

2．提高显卡的性能

在快速预览首选项的面板中还有关于当前 GPU 信息的描述，Adobe 官方提供了对于显卡支持的列表，我们可以把自己的显卡添加到这个列表中，以提高显卡的性能。

在 Support Files 文件夹中打开 raytracer_supported_cards.txt 文件，把自己的显卡型号粘贴进去，需要注意的是，这个显卡型号一定是安装驱动后系统识别后的显卡名称，保存即可。修改成功后可以选择菜单命令"编辑"→"首选项"→"预览"→"GPU"信息中查看是否被软件识别。

3．多个项目同时渲染

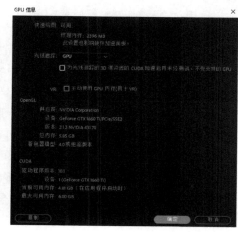

高配置的计算机在渲染时，其 CPU 和内存的使用率并不是很高。渲染多个任务时只能在渲染队列中排队，没法充分的发挥计算机的性能。

如果想提高工作效率可以打开两个 AE 来同时进行渲染，尽可能充分使用系统资源，首先使用快捷键 Ctrl+C 和 Ctrl+V 复制一个 AE 软件的快捷方式，在复制的快捷方式上右击，选择"属性"，修改属性中的"目标"参数，把其中的"AfterFX.exe"修改为"AfterFX.exe"-m。

这样在有多个任务需要渲染时，就可以同时打开两个 AE，使工作效率提升一倍。

4．设置自动保存

在工作中，我们经常会遇到软件崩溃的情况，这时候有一个好的习惯就显得尤为重要了。在制作合成时，每调节好一个步骤都要按快捷键 Ctrl+S 存盘。同时我们还一定要设置自动保存，当软件安装好后就应该在第一时间设定自动保存。

选择菜单命令"编辑"→"首选项"→"自动保存"，默认为 20 分钟自动保存一次，也可以把时间间隔改为 5 分钟。

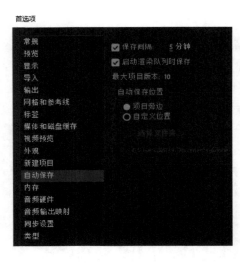

默认的自动保存文件夹为"Adobe After Effects 自动保存"。为了方便管理，我们可以自己指定一个文件夹，这样有问题时能够快速找到自动保存的项目。建议把自动保存文件夹设在 D 盘，或者其他非系统盘中，这样当系统有问题无法进入时，可以把项目复制到其他计算机上继续工作。

5．中英文切换

在实际工作中，大部分 AE 的使用者都会采用英文版本，因为中文版在使用一些国外的插件时会出现报错或软件崩溃的情况，但在初期学习时，中文版更便于新手入门操作。在 AE CC 版之前的版本只有英文版，大多数人都是通过安装汉化插件来解决的，而现在只需要修改 application.xml 文件就可以完成中英文之间的切换。

6．4K 不同色域与非线性编辑的转换

由于中央广播电视总台（以下简称总台）制定的《中央广播电视总台 4K 超高清电视节目制播技术规范（暂行）》中，使用的是 HLG（高动态范围），而 AE 自带的工作空间中并没有相关的标准，所以当我们制作电视节目时就需要使用总台非线性设备能够转换的工作空间。在制作 4K HDR 项目时需要进行一些相关的设置，选择菜单命令"文件"→"项目设置"，时间显示样式中时间码的基准为 50 帧，颜色设置中深度设置为每通道 16 位。AE 中提供了很多种工作空间，需要能够和非线性系统方便转化的，可以选择 Rec2100 PQ，当然也可以把工作空间选择为"无"。

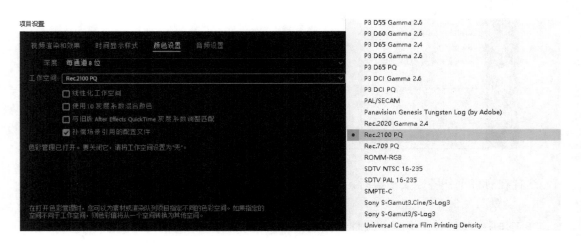

7．插件管理

在日常工作中，我们会用到很多 AE 插件，但安装过多插件必然会给系统增加很大的负担。AE 启动时会加载所有的插件，如果插件很多则启动的速度会比较慢。将插件安装在 Support Files 的 Plug-ins 文件夹中，我们可以把插件分类，如转场类、光效类、效果类，安

装时把相对常用的插件放在指定的文件夹中，不常用的可以安装在另一个文件夹中。如果不用时还可以修改文件夹名称，这样 AE 启动时就不会加载相关的插件了，有效地减少了系统的负荷，提高了工作的效率。

小结：在 AE 中利用好各种小技巧能够提升工作的效率。当出现问题时，我们要能够快速地解决，而不是手足无措，甚至于损失掉已经做好的成果。影视后期行业需要复合型人才，平面、合成、三维、后期都需要掌握，而 AE 恰恰是这些环节的连接渠道，只有熟练掌握每个环节才能让影视作品在后期作品制作中得到升华。

6.3 MG 动画

扁平化的设计理念，丰富的图形变化，快节奏的转场动画，把平面化的点、线、面纵深变化融入各种趣味元素展示中，形成了 MG（Motion Graphic，运动图形）动画独有的视觉风格，让平面设计的静态视觉效果转化为服务于各领域的动态表达。随着互联网的飞速发展，人们对视觉表达不再局限于传统的拍摄所见即所得，MG 动画与互联网和移动互联网有了契合的需求，成为一种重要的艺术表现形式。

在最初的互联网广告中为了进一步降低广告成本，要求 MG 动画不仅能流畅高效地传播，甚至于脱离了传统的解说和音乐，让目标人群同样能够快速了解所要表达的内容。扁平化的设计理念让 MG 动画更易于演绎和交互，能够给客户带来更优秀的用户体验，它是一种基于动态图形的创新广告理念。

在电视节目制作中，已经大量应用 MG 动画来演绎片头、知识、故事等丰富的节目形式。同传统的三维动画或合成动画来比较，GM 动画的制作时间短、硬件要求低、制作成本低、表现形式丰富。即使在没有具体形象的情况下，GM 动画也可以通过视觉内容来传达完整的含义。2020 年，我们为总台戏曲频道设计了 30 集的系列短片《戏语漫谈》，使 MG 动画成为节目中不可或缺的一部分。

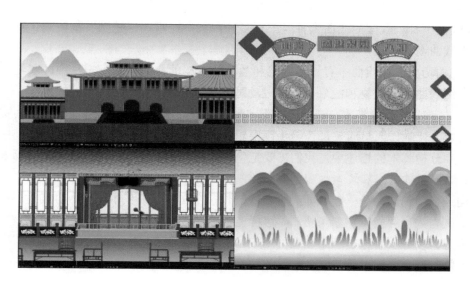

下面以《戏语漫谈》为例介绍 MG 动画的制作流程，可以分为 9 个部分：（1）撰稿；（2）文字/手绘分镜脚本；（3）资料收集；（4）原创手绘角色；（5）场景设计；（6）动画合成；（7）配音；（8）剪辑；（9）配乐。

（1）撰稿。我们邀请了国家戏曲学院的研究生作为指导，同时花费了大量的时间来查阅资料寻找适合动画制作的戏曲内容，下面逐一进行介绍。

① 戏曲名词。在戏曲中有大量的专业术语可以作为挖掘整理的重点，如亮相、票戏、反串、龙套等。以压轴为例，人们通常都会理解为是最后一个精彩的剧目，但在戏曲中，压轴指一台演出中倒数第 2 个剧目。

② 戏曲道具。戏曲中的道具种类繁多，伴奏用的有二胡、京胡、三弦，还有打击乐器板、单皮鼓、大锣，以及舞台上经常使用的一桌二椅、灯笼、手绢等。在京剧中这些道具统称为砌末，不同的摆法、用法在戏曲中的意义是不同的。

③ 戏曲角色。角色在戏曲中又称行当，即生、旦、净、丑，每个分支又有不同的角色，如生（男性）包含小生、老生、武生、娃娃生；旦（女性）包含正旦也叫青衣、花旦、武旦、老旦、彩旦、闺门旦、搽旦；净（男性花脸）包含架子花脸、铜锤花脸、二花脸；丑（丑角）包含文丑、武丑、三花脸。

④ 戏曲名段。中国戏曲包罗万象，从诗、词、歌、赋到演员的唱、念、做、打处处体现了传统文化艺术的传承。我们在策划该系列短片时，花费了大量的时间研究戏曲剧目，选取了其中经典的段落，包括《贵妃醉酒》《窦娥冤》《借东风》《捉放曹》《文昭关》《野猪林》《铡美案》《罗成叫关》《西厢记》《桃花扇》。

⑤ 戏曲人物。在戏曲中有很多我们耳熟能详的历史人物，如曹操、包公、关羽、张飞、诸葛亮、林黛玉、窦娥、杨贵妃、佘太君、穆桂英、苏三、秦香莲、虞姬等。我们在创作中大量研究并选取了代表性的人物作为该系列短片的内容，给观众讲述人物的生平事迹，让观众更了解古人的成长经历和背景时代。

⑥ 戏曲名家。在生、旦、净、丑各行当中都有其代表性的人物，如生行指戏曲中的男主角，其代表人物程长庚以《文昭关》《战长沙》的演出而得名。

⑦ 戏曲剧种。我国的戏曲剧种有三百多种，其中，京剧、越剧、黄梅戏、评剧、豫剧称为五大戏曲剧种。

⑧ 戏曲历史。在戏曲中有许多人物和故事是虚构的，在该系列短片中，我们先通过视频影像介绍戏曲中的人物和故事，再通过动画等手法还原真实。

（2）文字/手绘分镜脚本。一般情况下，为了降低成本，我们只要在 Excel 中用文字描述分镜头内容，让制作人员清楚每个镜头需要制作的内容，以及在什么样的场景空间中完成既可。在文字分镜脚本的描述中，我们需要把每一句配音中的内容，转化成镜头能够表现的视觉元素，对于主体内容和场景内容都需要给制作人员一个明确的框架，并且在制作过程中需要随时沟通，和制作人员一起共同进行二次创作。在文字分镜头中除了内容描述，在策划阶段还会给制作人员寻找一些参考资料，这样能够让看到文字分镜头的人明确地知道片中所要表现的内容，以减少制作过程中出错的概率。文字分镜头是非常重要的一个环节，它能够让短片制作的进度有良好的保障。

镜头	文稿	内容	场景描述	时长（秒）	注释	角色数量
			《戏语漫谈-铜锤花脸》分镜脚本			
1	戏语漫谈	戏曲元素演绎为标题		5		
2	铜锤花脸，戏曲行当"净"中的一种	生旦净丑四个角色加字幕	戏曲纹理背景	5	这里给出图像链接	4
3	又称正净、大花脸、唱工花脸或黑头	左侧展示"净"右侧上字	戏曲纹理背景	5		
4	因《二进宫》中的徐延昭手持铜锤而得名	表现角色，挥舞铜锤	徐延昭 背景：虚拟舞台幕布	6	这里给出图像链接	

当我们制作预算相对充足时，可以和专业分镜师进行详细沟通，他会根据相关描述绘制分镜头脚本。这种手绘分镜头的内容重在设计，能够让制作人员完全参照执行，并把镜头之间的关联表达流畅。在许多电影的拍摄中，导演都会提前请分镜师来设计镜头，如《冰与火之歌》。手绘分镜头的制作是非常有创意性的，在拍摄时制作人员都会参照分镜师的手稿，这样既节省时间又有统一的标准。下面就是制作系列短片《戏曲采风》的手绘分镜脚本。

（3）资料收集和（4）原创手绘角色可以同时进行，先找好参考样式，与负责角色创作的老师沟通好，就可以着手创作了。例如，关于佘太君的介绍，如果使用大量字幕就降低了节目的可观看性。我们可以把相关素材在镜头中以时间线的顺序进行表现，这样能让观众随着时间的变化依次了解剧情。

（5）场景设计和（6）动画合成是指将设计好的镜头在 AE 中实现出来，添加动画让镜头动起来。在场景的设计中遵循了中国传统美学，我们参照戏中内容，使用了 GM 动画扁平化的设计理念将整体的风格保持一致，如《贵妃醉酒》中的亭台楼阁和《西厢记》中的普救寺，都是采用传统建筑风格遵循古典写实的。

该短片中的部分桥段也使用了虚拟化的手段，例如，在《水袖》的内容演绎中，男女双方把水袖轻轻扬起来，并互相搭在一起，表示握手相拥。在场景的设计中，我们通过月亮和鹊桥的画面让相爱的场景更加贴切。

AE 作为一款专业的视频动画制作软件，既可以完成合成的处理，也可以制作视频的特效。它能够高效准确地生成各种动态图形，并且能够完成令人惊艳的视觉效果。相比 Flash，AE 中的动画效果更加流畅自然，给设计师带来了极大的操作便利和实用功能，例如，表达式和脚本的使用让动画制作更为快捷，减少了大量的重复劳动；众多的特效插件也让各种效果的实现更加简单；另外，AE 在实时性方面减少了很多需要输出后才能看到最终效果的情况，提高了工作的效率。

（7）配音、（8）剪辑和（9）配乐都是在后期非线性系统中完成的。当我们拿到配音时会先按照文字分镜脚本中的段落把配音切开，然后把动画镜头导入。因为动画制作中无法精准控制镜头的时长，就需要在后期制作软件中进行精确剪辑。Final Cut Pro7 作为剪辑工具可以使用专业的 ProRes422 编码来实时编辑镜头，保证画面质量能够达到播出标准。从导入素材、剪辑，到添加转场效果、背景音乐、特殊音效，以及对颜色的校正和播出安全的控制等所有的操作都可以在 Final Cut Pro7 中完成。

从 Windows 10 到 macOS 7 的系统界面中都有偏平化的设计理念，互联网的视觉设计已经扩展到了各个行业。在短时长的 MG 动画作品中包含了大量的信息，这种适应人们快节奏生活状态的方式被迅速传播。MG 动画通过趣味性的场景、艺术化的创作形式，来适应人们精神文化的发展需求，相信它在未来会有更广泛的应用。

6.4 快捷键

后期制作时，我们为了提高工作效率使用快捷键是必不可少的，其中 Ctrl + S 快捷键永远是使用率最高的。熟练使用快捷键能够进一步提高自己对 AE 技巧的掌握。

创建快捷键。选择菜单"编辑"→"键盘快捷键"，通过使用可视键盘快捷键编辑器（以下简称编辑器）来创建自己习惯的工作方式，该编辑器既可以查看已分配的快捷键和未分配的快捷键，还可以修改原来的快捷键或创建自己的快捷键。

整个编辑器可分为三个部分，在键盘布局部分同实际计算机中使用的键盘形式相同，可以查看快捷键的分布情况和可用情况。在键盘布局中灰色代表未被分配的快捷键，紫色代表分配了应用程序的快捷键，绿色代表分配了面板特定的快捷键。

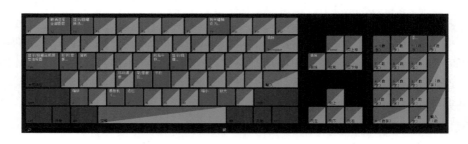

在命令列表中显示了可以分配快捷键的所有命令。

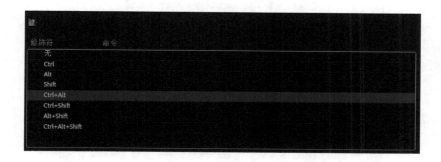

在键列表中显示了键盘布局中相关的修饰组合和已经分配的快捷键。

　　如果想修改某个命令的快捷键，例如，选区的快捷键 V，可以在命令列表中单击其后面的"×"，即先删除原有的快捷键，再按下键盘上想要的快捷键即可。还可以从命令列表中将选择好的命令拖动到键盘布局上来分配快捷键。

在命令列表中除了应用程序相关的快捷键，还有关于面板控制类的快捷键，包括合成面板、图层面板、字符和段落面板、应用、效果控件面板、时间轴面板、查看器面板、流程图面板、渲染队列面板、绘画面板、跟踪器面板、项目面板。当切换到特定的面板后，键盘布局仅显示带有绿色的键，这时面板处于活动状态。

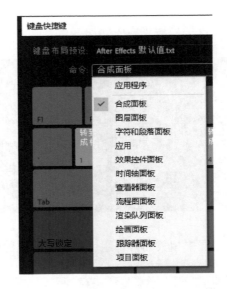

1. 项目面板中的快捷键

在使用快捷键时可使项目面板处于激活状态。

命 令	快 捷 键
新建项目	Ctrl + Alt + N
打开项目	Ctrl + O
打开项目时只打开项目面板，不打开合成面板	Shift + 单击项目文件
快速打开上次使用的项目	Ctrl + Alt + Shift + P
存盘	Ctrl + S
打开最近的文件选择项目	→和↓
打开需要的素材或图像	在项目面板空白处双击

续表

命　令	快　捷　键
在 AE 素材面板中打开文件	Alt + 双击
激活最近激活的合成图像	\
增加选择的子项目到最近激活的时间线上的合成图像中	Ctrl + /
打开所选择的合成图像的合成面板	Ctrl + K
把当前所选择的合成图像添加到渲染队列面板	Ctrl + Shift + /
导入一个素材	Ctrl + i
导入多个素材	Ctrl + Alt + i
替换所选择的源图层素材或合成时间线	Alt + 从项目面板中拖动素材到合成时间线上
替换素材文件	Ctrl + H
设置解释素材	选中素材后，按 Ctrl + Alt + G
记录选中素材的解释方法	Ctrl + Alt + C
应用选中素材的解释方法	Ctrl + Alt + V
通过名称搜索素材或合成时间线	Ctrl + F
扫描发生变化的素材	Ctrl + Alt + Shift + L
重新导入素材	Ctrl + Alt + L
在项目面板中新建文件夹	Ctrl + Alt + Shift + N
为选中素材设置代理文件	Ctrl + ALT + P
退出 AE 软件	Ctrl + Q

2. 合成面板中的快捷键

在使用快捷键时让合成面板处于激活状态。

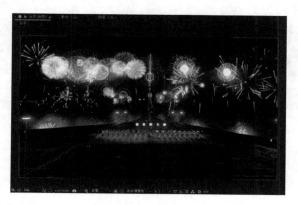

命　令	快　捷　键
在打开的面板中循环	Ctrl + Tab
显示安全框	'（显示或隐藏字幕安全框和镜头动作安全区域）
显示绿色网格	Ctrl + '（显示或隐藏全屏绿色网格，小格子）
显示绿色对称网格	Alt + '（显示或隐藏全屏绿色对称网格，大格子）

续表

命　　令	快　捷　键
合成面板居中	Ctrl + Alt + \
动态修改窗口	Alt + 拖动属性控制
暂停修改窗口	按住 Tab
在当前面板的标签间循环	Shift + ,或 Shift + .
在当前面板的标签间循环并自动调整大小	Alt + Shift + ,或 Alt + Shift + .
快照	Ctrl + F5、Ctrl + F6、Ctrl + F7、Ctrl + F8（最多 4 个）
显示快照	F5、F6、F7、F8
清除快照	Ctrl + Alt + F5、Ctrl + Alt + F6、Ctrl + Alt + F7、Ctrl + Alt + F8
显示通道	Alt + 1、Alt + 2、Alt + 3、Alt + 4（R、G、B、Alpha）
带颜色显示通道	Alt + Shift + 1、Alt + Shift + 2、Alt + Shift + 3、Alt + Shift + 4（R、G、B、Alpha）
带颜色显示通道	Shift + 单击通道图标（R、G、B、Alpha)
带颜色显示遮罩通道	Shift + 单击 Alpha 通道图标

3. 显示面板和面板快捷键

在使用快捷键时，让显示面板或时间线面板处于激活状态。

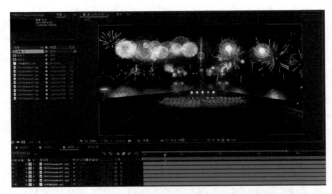

命　　令	快　捷　键
显示或隐藏项目面板	Ctrl + 0
项目流程视图自定义视图	F11
渲染队列面板	Ctrl + Alt + 0
工具箱	Ctrl + 1
信息面板	Ctrl + 2
预览面板	Ctrl + 3
音频面板	Ctrl + 4
显示/隐藏所有面板	Tab
常用偏好设置	Ctrl + Alt + ;
新合成图像	Ctrl + N

续表

命　　令	快　捷　键
关闭激活的标签/面板	Ctrl + W
关闭激活面板	Ctrl + Shift + W（所有标签）
关闭激活面板	Ctrl + Alt + W（除项目面板外）

4. 时间线面板中的移动快捷键

在使用快捷键时，让时间线面板处于激活状态。

命　　令	快　捷　键
到工作区开始	Home
到工作区结束	Shift + End
到前一个可见关键帧	J
到后一个可见关键帧	K
到前一个可见图层时间标记或关键帧	Alt + J
到后一个可见图层时间标记或关键帧	Alt + K
到合成图像时间标记	0～9（主键盘）
滚动选择的图层到时间线面板的顶部	X
滚动当前时间标记到窗口中心	D
到指定时间	Ctrl + G

5. 合成面板、时间线面板、素材面板和图层面板中的移动快捷键

在使用快捷键时让时间线面板或合成面板处于激活状态。

命　　令	快　捷　键
到开始处	Home 或 Ctrl + Alt + ←

续表

命　令	快　捷　键
到结束处	End 或 Ctrl + Alt + →
向前一帧	PageDown 或 ←
向前十帧	Shift + PageDown 或 Ctrl + Shift + ←
向后一帧	PageUp 或 →
向后十帧	Shift + PageUp 或 Ctrl + Shift + →
到图层的入点	I
到图层的出点	O
使子项目到关键帧、时间标记、入点和出点	Shift + 拖动子项目

6. 快速预览视频快捷键

在使用快捷键时，让时间线面板或合成面板处于激活状态。

注：若未选择图层，则该命令针对所有图层。

命　令	快　捷　键
开始/停止播放	空格
从当前时间点预览音频	.（数字键盘）
内存预览	0（数字键盘）
每隔一帧的内存预览	Shift + 0（数字键盘）
保存内存预览	Ctrl + 0（数字键盘）
快速预览视频	Alt + 拖动当前时间标记
快速预览音频	Ctrl + 拖动当前时间标记
线框预览	Alt + 0（数字键盘）
线框预览时用矩形替代 Alpha 轮廓	Ctrl + Alt + 0（数字键盘）
线框预览时保留窗口内容	Shift + Alt + 0（数字键盘）
矩形预览时保留窗口内容	Ctrl + Shift + Alt + 0（数字键盘）

7. 合成面板、图层面板和素材面板中的编辑快捷键

在使用快捷键时，让时间线面板或合成面板处于激活状态。

命 令	快 捷 键
复制	Ctrl + C
剪切	Ctrl + X
粘贴	Ctrl + V
撤销	Ctrl + Z
重做	Ctrl + Shift + Z
选择全部	Ctrl + A
取消全部选择	Ctrl + Shift + A 或 F2
图层、合成图像、文件夹、效果重命名	Enter（数字键盘）
原应用程序中编辑子项目	Ctrl + E（仅限素材面板）

8. 合成面板和时间线面板中的图层操作快捷键

在使用快捷键时，让时间线面板或合成面板处于激活状态。

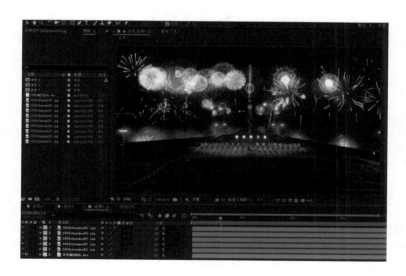

命　令	快　捷　键
放在最前面	Ctrl + Shift +]
向前提一级	Shift +]
向后放一级	Shift + [
放在最后面	Ctrl + Shift + [
选择下一个图层	Ctrl + ↓
选择上一个图层	Ctrl + ↑
通过图层号选择图层	1~9（数字键盘）
取消所有图层选择	Ctrl + Shift + A
锁定所选图层	Ctrl + L
释放所有图层的选定	Ctrl + Shift + L
分裂所选图层	Ctrl + Shift + D
激活合成面板	\
在图层面板中显示选择的图层	Enter（数字键盘）
显示隐藏视频	Ctrl + Shift + Alt + V
隐藏其他视频	Ctrl + Shift + V
显示选择图层的效果控件面板	Ctrl + Shift + T 或 F3
在合成面板和时间线面板中进行转换	\
打开源图层	Alt + + 双击图层
在合成面板中不拖动句柄缩放图层	Ctrl + 拖动图层
在合成面板中逼近图层到框架边缘和中心	Alt + Shift + 拖动图层
移动至网格转换	Ctrl + Shit + "
移动至参考线转换	Ctrl + Shift + ;
拉伸图层适合合成面板	Ctrl + Alt + F
图层的反向播放	Ctrl + Alt + R
设置入点	[
设置出点	]
剪辑图层的入点	Alt + [
剪辑图层的出点	Alt +]
所选图层的时间重映象转换开关	Ctrl + Alt + T
设置质量为最好	Ctrl + U
设置质量为草稿	Ctrl + Shift + U
设置质量为线框	Ctrl + + Shift + U
创建新的纯色图层	Ctrl + Y
显示纯色图层设置	Ctrl + Shift + Y
重组图层	Ctrl + Shift + C
通过时间延伸设置入点	Ctrl + Shift + ,

续表

命　令	快　捷　键
通过时间延伸设置出点	Ctrl + Alt + ,
约束旋转的增量为 45°	Shift + 拖动旋转工具
约束沿 X 轴或 Y 轴移动	Shift + 拖动图层
复位旋转角度为 0°	双击旋转工具
复位缩放率为 100%	双击缩放工具

9. 合成面板、时间线面板和素材面板的空间缩放快捷键

在使用快捷键时让时间线面板或合成面板处于激活状态。

命　令	快　捷　键
图像放大	.
图像缩小	,
图像缩放至 100%	/（主键盘）或双击缩放工具
图像放大，同时放大窗口	Alt + .或 Ctrl + =（主键盘）
图像缩小，同时缩小窗口	Alt + ,或 Ctrl + -（主键盘）
图像缩放至 100% 并变化窗口	Alt + /（主键盘）
缩放窗口	Ctrl + \
缩放窗口以适应监视器	Ctrl + Shift + \
窗口居中	Shift + Alt + \
缩放窗口以适应面板	Ctrl + Alt + \
图像放大，窗口不变	Ctrl + Alt + =
图像缩小，窗口不变	Ctrl + Alt + -

10. 时间线面板中的时间缩放快捷键、查看图层属性快捷键

在使用快捷键时，让时间线面板处于激活状态。

命　令	快　捷　键
缩放到帧视图	;
放大时间线	=（主键盘）
缩小时间线	-（主键盘）
定位点	A
音频级别	L

续表

命　　令	快　捷　键
音频波形	LL
遮罩羽化	F
遮罩形状	M
遮罩不透明度	TT
不透明度	T
位置	P
旋转	R
时间重映射	RR
缩放	S
显示所有动画数值	U
在对话框中设置图层属性	Ctrl + Shift + 属性
隐藏属性	Alt + Shift + 单击属性名
增加/删除属性	Shift + 单击属性名
开关/模式转换	F4
为所有选择的图层改变设置	Alt + 单击图层开关
打开不透明对话框	Ctrl + Shift + O
打开定位点对话框	Ctrl + Shift + Alt + A

11．时间线面板中修改关键帧参数快捷键

在使用快捷键时，让时间线面板处于激活状态。

命　　令	快　捷　键
设置关键帧速度	Ctrl + Shift + K
设置关键帧插值法	Ctrl + Alt + K
增加或删除关键帧计时器开启，或开启时间变化计时器	Alt + Shift + 属性
选择一个属性的所有关键帧	单击属性名
增加一个效果的所有关键帧到当前关键帧选择	Ctrl + 单击效果名
逼近关键帧到指定时间	Shift + 拖动关键帧
向前移动关键帧一帧	Alt + →
向后移动关键帧一帧	Alt + ←
向前移动关键帧十帧	Shift + Alt + →

续表

命　　令	快　捷　键
向后移动关键帧十帧	Shift + Alt + ←
在选择图层中选择所有可见的关键帧	Ctrl + Alt + A
到前一个可见关键帧	J
到后一个可见关键帧	K
在线性插值法和自动贝塞尔插值法间转换	Ctrl + 单击关键帧
改变自动贝塞尔插值法为连续贝塞尔插值法	拖动关键帧句柄
隐藏关键帧转换	Ctrl + Alt + H 或 Ctrl + Alt + 单击关键帧句柄
连续贝塞尔插值法与贝塞尔插值法间转换	Ctrl + 拖动关键帧句柄
快速	F9
快速入点	Alt + F9
快速出点	Ctrl + Alt + F9

12. 合成面板和时间线面板中，图层的精确操作快捷键

在使用快捷键时，让时间线或合成面板处于激活状态。

（图层的精调按当前缩放率像素计算，并不是实际像素）

命　　令	快　捷　键
将图层按指定方向移动 1 像素	←、→、↑、↓
旋转图层 1°	+（数字键盘）
旋转图层-1°	−（数字键盘）
放大图层 1%	Ctrl + +（数字键盘）
缩小图层 1%	Ctrl + −（数字键盘）
移动、旋转和缩放变化量为 10	Shift + 属性快捷键（P、R、S）

13. 合成面板中合成操作快捷键

在使用快捷键时，让合成面板处于激活状态。

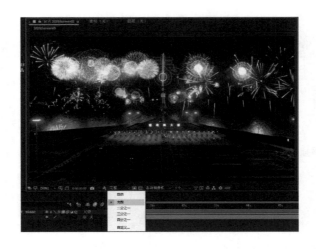

命 令	快 捷 键
显示/隐藏参考线	Ctrl + ;
锁定/释放参考线锁定	Ctrl + Alt + Shift + ;
显示/隐藏标尺	Ctrl + R
改变背景颜色	Ctrl + Shift + B
设置合成图像解析度为 Full	Ctrl + J
设置合成图像解析度为 Half	Ctrl + Shift + J
设置合成图像解析度为 Quarter	Ctrl + Alt + Shift + J
设置合成图像解析度为 Custom	Ctrl + Alt + J
合成图像流程图面板	Alt + F11

14. 合成面板中遮罩的操作快捷键

在使用快捷键时，让合成面板处于激活状态。

命 令	快 捷 键
椭圆遮罩设置为整个窗口	双击椭圆工具
矩形遮罩设置为整个窗口	双击矩形工具
在自由变换模式下围绕中心点缩放	Ctrl + 拖动

续表

命　令	快　捷　键
选择遮罩上的所有点	Alt + 单击遮罩
自由变换遮罩	双击遮罩
退出自由变换遮罩模式	Enter
定义遮罩形状	Ctrl + Shift + M
定义遮罩羽化	Ctrl + Shift + F
设置遮罩反向	Ctrl + Shift + I
新遮罩	Ctrl + Shift + N

15. 效果控件面板中的操作快捷键

在使用快捷键时，让效果控件面板处于激活状态。

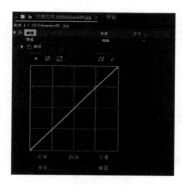

命　令	快　捷　键
选择上一个效果	↑
选择下一个效果	↓
扩展/卷收效果控制	、
清除图层上的所有效果	Ctrl + Shift + E
增加效果控制的关键帧	Alt + 单击效果属性名
激活包含图层的合成面板	\
应用上一个常用的效果	Ctrl + Alt + Shift + F
应用上一个效果	Ctrl + Alt + Shift + E

16. 合成面板和实际轴面板中遮罩的操作快捷键

在使用快捷键时，让合成面板处于激活状态。

命　令	快　捷　键
设置图层时间标记	*（数字键盘）
清楚图层时间标记	Ctrl + 单击标记
到前一个可见图层时间标记或关键帧	Alt + J
到下一个可见图层时间标记或关键帧	Alt + K

续表

命　　令	快　捷　键
到合成图像时间标记	0～9（数字键盘）
在当前时间设置并编号一个合成图像时间标记	Shift +（0～9）（数字键盘）

17. 渲染队列面板的操作快捷键

在使用快捷键时，让渲染队列面板处于激活状态。

命　　令	快　捷　键
制作影片	Ctrl + M
选择最近激活的合成图像	\
增加激活的合成图像到渲染队列面板中	Ctrl + Shift + /
在队列中不带输出名复制子项	Ctrl + D
保存帧	Ctrl + Alt + S
打开渲染队列面板	Ctrl + Alt + O

18. 工具箱操作快捷键

在使用快捷键时，保持所使用的工具处于激活状态。

命　　令	快　捷　键
选择工具	V
旋转工具	W
矩形工具	C
椭圆工具	Q
钢笔工具	G
向后平移（锚点）工具	Y
手形工具	H
缩放工具	Z（使用 Alt 缩小）
从选择工具转换为钢笔工具	按 Ctrl
从钢笔工具转换为选择工具	按 Ctrl
在信息面板中显示文件名	Ctrl + Alt + E

　　小结： AE 软件中，快捷键最大的作用就是方便操作以提高工作效率，在日常工作中应用非常广泛。我们在平时工作时应养成使用快捷键的习惯，注重多练习，让习惯成自然。总之，快捷键这种简单、高效、方便的方式能够让我们节省大量的工作时间。

第3篇

特效插件

第7章 光效插件

7.1 Optical Flares 镜头光晕插件

AE 中有一款强大的制作光晕的插件——Optical Flares，该插件是 Video Copilot 公司开发的，为影视后期制作者创造真实的镜头光晕效果提供了方便。下面简单介绍 Optical Flares 插件的基础界面。

Optical Flares 插件基础界面由预览窗口、元素窗口、系统窗口、预设窗口组成。预览窗口中可以显示制作的效果，并能在该窗口中通过移动鼠标来观察光晕的运动效果。如果需要调整光晕的整体大小和亮度，只需调整预览窗口下方的 Preview Brightness 和 Preview Scale 的数值即可。元素窗口中可显示组成光晕的各个部分，该窗口最上方有元素整体效果的控制选项，可以使用 ADD 和 SCN（其实也就是相加和屏幕混合模式）来控制单个元素叠加之后的效果。元素窗口中可显示组成完整光晕的单个元素的调整属性，所有的单个元素都可以独立显示或隐藏，既可以单独调整其亮度和大小，也可以直接删除，所有调整效果都可以在预览窗口中一一显示出来。系统窗口用于调整已经制作好的预设效果，如果整体效果满意，单击 OK 按钮，直接关闭窗口。预设窗口中显示了各种单个光晕元素，也有许多完整的预设光晕。

Optical Flares 镜头光晕插件将模拟真实光效提升到了一个新高度，使用该插件自带的预设库就可以做出满意的光效，通常只需要调整光晕的颜色即可，并不需要调整其他属性。使用该插件应新建一个固态图层用于添加光效，不要直接加在画面图层中。

综上所述，Optical Flares 镜头光晕插件在控制性能、界面友好度及效果方面都十分出色。它自带大量的预设光晕效果，为适应不同场景带来方便，而且其所有的内置预设都是可以重新组合的，尤其是每个元素都可以修改和存储，操作起来非常方便。

下面用一个实例来讲解 Optical Flares 镜头光晕插件的操作步骤和参数的作用。

新建一个项目，导入背景素材。再新建一个纯色图层，设定其背景颜色为黑色。

选择菜单命令 "效果" → "Video Copilot" → "Optical Flares"。在默认的黑色背景中会生成一个标准的光晕，选择 "合成" 模式中的 "相加"，把光点拖动到树叶光源的位置。

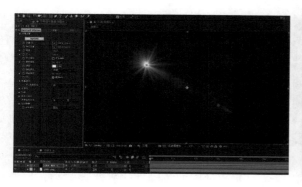

"光晕设置" 中，"位置 XY" 表示光源主体的位置，"中心位置" 表示光源照射下来的光斑的方向，可以手动拖动十字中心的红色圆圈，将其放置在合适的位置。

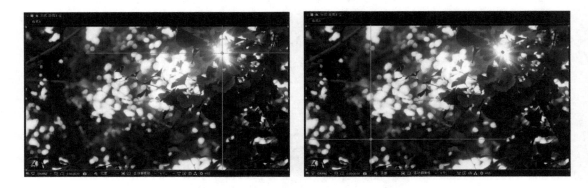

　　"亮度"可以调节光源的明亮程度，"大小"可以调节光源的覆盖面积。通过增加关键帧可以形成镜头间的转场。

　　"旋转偏移"用于控制光源中光线的旋转角度，并通过增加关键帧让光线动起来，以模拟出阳光旋转的效果。

　　"颜色"用于控制光源的染色效果，单击白色图标会弹出颜色面板。画面中光线的颜色有些轻微偏蓝色，这时我们只要将颜色选成黑色，光线中的蓝色就会完全消失。

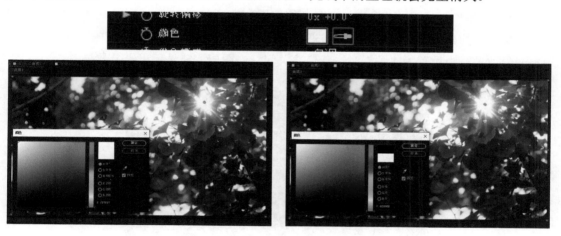

　　"动画演变"可以模拟自然界中的光线变化。和旋转效果不一样，它是发散出来的光线，并可产生从有到无或从强到弱的变化。如果你使用的是 Adobe 支持的显卡类型，可以勾选"使用 GPU"复选框来帮助 CPU 分担渲染的负载。

"位置模式"组的"来源类型"中默认为"2D"模式，使用该模式建立的光线不会随摄像机角度的变化而变化。当"来源类型"选择"3D"模式时，就会发现在"光晕设置"中增加了"位置 Z"，可以在深度上调节光源的位置。

"来源类型"也可以选择"跟踪灯光"，下面将显示"跟踪灯光选项"，用灯光图层的方式来控制光晕的效果。当"选择灯光"设置为"开"时，我们必须要打开灯光图层才能够显示出光晕效果；当设置为"关"时，我们要关闭灯光图层才能显示出光晕效果。

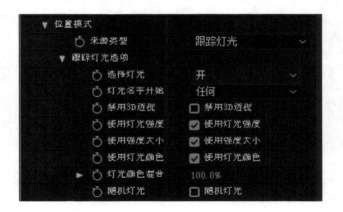

"灯光名字开始"可以配合选择灯光使用，首先在灯光图层的命名中建立 A、B、C 三个灯光图层，然后选择灯光名字时就可以显示该灯光图层。

如果需要全部显示，也可以选择"任何"，这样三个灯光图层就可以都显示了。

　　如果勾选"禁用 3D 透视"，则灯光图层相互的位置关系就不会有空间纵深的变化。可以通过摄像机视图中的顶部视图来调节三个灯光的空间变化。

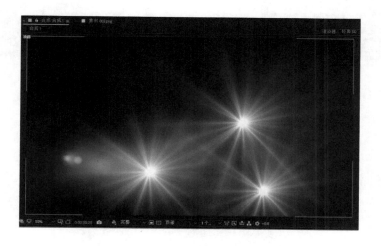

　　"使用灯光强度"、"使用强度大小"和"使用灯光颜色"都是通过灯光参数来控制光晕调节的，如果不进行勾选，则使用默认的"灯光选项"参数设置。

　　在"灯光颜色混合"中，可以将 Optical Flares 镜头光晕插件设置的参数和灯光本身设置的参数相混合，如果灯光设置为黄色，则混合后就会把黄色和蓝色进行叠加。勾选"随机灯光"复选框后，光晕就会随机变化，可以将其设置成关键帧。

在"位置模式"的"来源类型"中还可以选择"遮罩"模式。使用椭圆工具绘制一个蒙版，所有灯光的范围就被限定在这个区域内，可以给蒙版增加羽化效果。

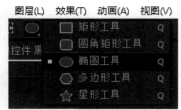

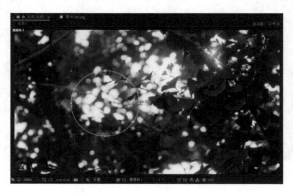

在"遮罩"中选择刚才绘制的蒙版，就可以显示出遮罩的范围。

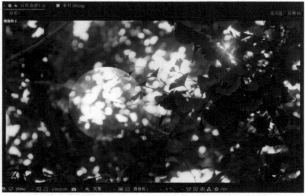

"遮罩位置"指光线的中心点可以围绕所绘制形状的边缘移动，这里可以增加关键帧用于制作环绕的动画效果。

在"位置模式"的"来源类型"中最后一个是"亮度"模式，该模式可以实现近似于自然光线的效果。它在画面中会根据亮度计算发光值，所有画面中的高亮部分都会成为发光的部分。在设置亮度后，我们需要指定源图层为背景图层，可以先将背景图层进行预合成处理，这样既可以方便替换图像，也可以避免插件在运算时出错。

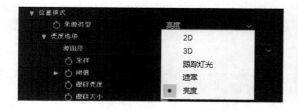

通过调整亮度参数可以控制发光的比例。在"阈值"的设置中可以先设置不太强烈的光线，再通过亮度来调整细节，使用这种方式可以模拟出自然光的感觉，而不是独立的一束光线。

我们还可以取消勾选"跟踪颜色"，然后手动调整光线的颜色，选择接近自然光线的黄色来调整画面的整体色调，达到上色的效果。

"前景层"主要用于遮挡光线。如果当前画面中有文字，当光线移到文字背面时就不再显示，移出后又会继续显示。建立一个文本图层"After Effects"，这时拖动光线会发现光线并不受前面文本图层的影响。

要产生光线遮挡效果需要两个步骤：先在"前景层"的"源图层"中选择该文本图层，再对文本图层做"预合成"处理，这样就可以实现光线移动到文字背后时不发光的效果。

在制作合成效果时，如果光线只是平移或不动，镜头的效果就会有些死板，这时可以给光线增加一些闪烁效果。"闪烁"的"类型"中，"平滑"和"锐利"用于控制光线起伏变化

时的软、硬状态，在模拟自然过渡时比较适合使用"平滑"选项，可使光线的强弱变化相对平和，而在制作 MV 等一些动感的镜头效果时更适合使用"锐利"选项。

"速度"用于设置闪烁的快慢。"数值"用于设置闪烁的次数。"随机种子"在有多个光线时可以有不同的变化。调节时，可以先设置一个数值，然后根据效果再进行调节。正常模拟日光闪烁的速度不要过快，如需要加快节奏可以再设置高些。

"渲染模式"有三种，默认为"黑色"。如果在颜色图层中选择"透明"模式，则光晕可以直接透到下面的背景图层中；如果在背景图层上直接添加 Optical Flares 插件中的效果，原始的背景图层就会默认变为黑色，这时选择"在原始"模式就可以让光晕直接作用于背景图层。

左图为直接选择透明渲染模式的效果，右图为选择屏幕叠加模式的效果，可以看出屏幕叠加模式的效果更为自然一些。

当我们需要特定的光源时，可以单击"Options"，将弹出"光晕设置"的编辑窗口，其包含"预览"、"编辑器"、"堆栈"和"浏览器"4 个主要区域，在这里可以自定义想要的光晕效果。

需要重新制作一个光晕效果时，我们可以先单击窗口上方的"清除所有"按钮，然后在浏览器中选择所需要的光源。在"光晕对象"中可以添加各种光晕元素，包括"基本"和"自定义"两类。在"预设浏览器"中可以直接添加设置好的预设效果，操作要相对简单些。也可以在预设效果的基础上，按照需求修改或添加各种光晕元素。

选取光晕元素后，各种光晕会被自动添加到"堆栈"中。在这里可以调节具体的层次关系，也可以将其设置为独显或隐藏。对于不再使用的元素，可以单击"×"按钮将其删除。

在"堆栈"中选择某个选项后，如 Glow，就可以在"编辑器"中修改其相关数值，可根据需要更改亮度、颜色、比例、距离等参数。

小结：Optical Flares 插件能够弥补或增加镜头的动感。对于运动镜头中或镜头中运动的物体可以添加光点追踪的效果，如车灯、路灯和高反光的物体，或者在昏暗的空间中增加光照，以达到镜头中的高反差效果。还可以模拟阳光照耀效果，或者给字幕或 Logo 增加过光的效果。

7.2 Saber 光电描边插件

使用 Saber 光电描边插件可以制作类似于星球大战中的激光剑、闪电、电流等效果。该插件内部的预设效果有 25 种，可以根据需求直接修改参数设置。还有完整的扭曲变形效果，可以根据具体的需求进行选择。该插件还可以对动态文本进行支持，将多种效果叠加使用。它操作简便且可调节的参数很丰富，是影视后期制作经常使用的插件之一。

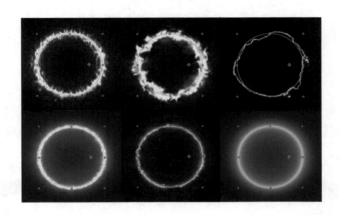

首先建立一个纯色图层，然后选择"效果控件"中的"Saber 光电描边插件"，其默认为一条蓝色的光柱。

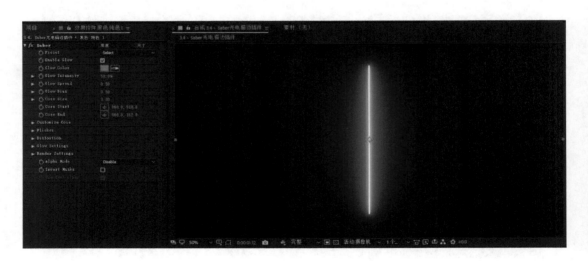

在 Preset 中可以选择不同的光电效果，如火焰、闪电、脉冲、雾等。其中的可选项比较丰富，形成的效果也很漂亮，并不需要进行过多的调节。Enable Glow 可以使光柱不再发光。Glow Color 可以设置需要的颜色。Glow Intensity 的默认数值为 50%，该数值越高，发光的亮度越大，当设置为 0 时不发光。

Glow Spread 用于控制强光的范围，该数值越小则光的强度越大，数值越大则光的强度越小，并且扩散的范围越广，当数值为 0 时，则会关闭辉光效果。Glow Bias 用于控制高光部分的扩散值，其数值越大则高光部分的面积就越大，为最小值时高光部分为光柱原始的长度和宽度。

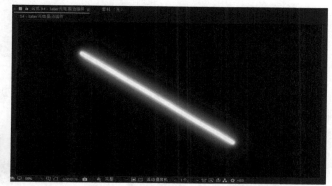

Core Size 用于控制光柱的宽度和高度，其数值越小则光柱越细小。Core Start 和 Core End 用于控制光柱在画面中的位置，自由定义光线的长度，也可以添加关键帧动画来模拟激光的发射效果。

在 Customize Core 的 Core Type 中，其默认的 Saber 为激光柱体，Layer Masks 为图层遮罩，Text Layer 为文本图层。Saber 光电描边插件既可以使用遮罩的边缘效果，也可以使用字体的边缘效果。

Start Size 用于调整光柱末端的粗细程度，模拟流星的行进状态。Start Offset 用于控制流星尾部的长度，可以拉得很长。Start Roundness 用于调节流星头部的平滑程度，同时配合 End Size、End Offset 和 End Roundness，让流星的头部相对粗圆一些，尾部逐步缩小为细线。Glow Color 用于修改流星的色彩。

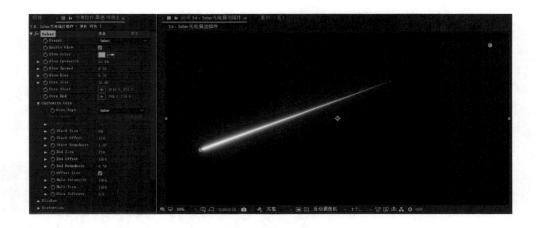

Halo 用于控制流星整体的光晕强度，当调整光晕扩散范围小于 100%时，其效果为向内收缩，大于 100%时，为向外扩散。Core Softnass 用于设置主体和光晕之间的羽化程度，其数值越高，则融合程度越高。

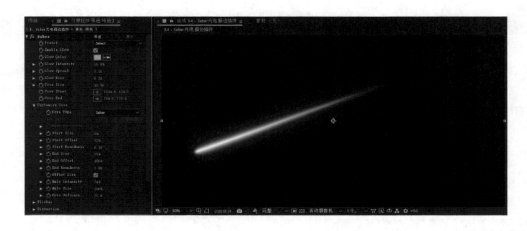

应用遮罩图层时，不能将其添加到其他图层中，只能应用于 Saber 插件所作用的图层，而其他图层上的遮罩是无法识别的。在制作遮罩时，既可以使用 AE 自带的形状工具，也可以使用钢笔工具进行手动绘制，所绘制的路径会产生发光的效果。

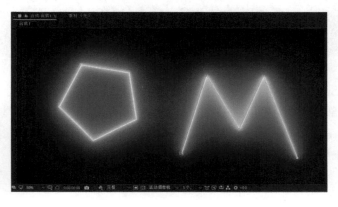

首先按 Ctrl+Shift 快捷键使用圆形工具绘制一个正圆，然后选择 Core Type 为 Layer Masks，设置 Start Size 以控制结尾光线的粗细程度，设置 Start Offset 以控制光环的整体长度，设置 Mask Evolution 以调节角度或圈数，就可以让光线随着圆形的路径进行转动了。

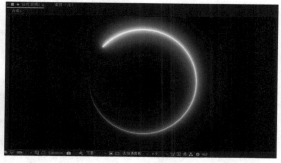

针对不同的需求，我们也可以将主体换成火焰或闪电等。该效果比较适合制作落版字幕的背景。

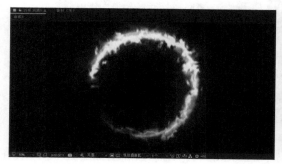
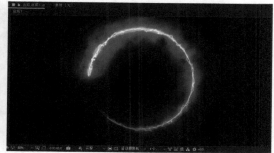

下面制作一个带火焰效果的文字。首先建立一个文本图层，输入"我爱满堂彩"作为字幕，选择 Preset 中的 Fusion，由于 Glow Intensity 默认值太高，字幕已亮成了一团。将该数值降低为 15%，设置 Glow Spread 为 0.1，Glow Bias 为 0.3，Core Size 为 2.0，将光柱的主体稍微收缩，以能够让观众看清楚字幕为准。

在字幕的动画方面，可以使用 Start Offset 来控制字幕的生长，并使用 Mask Evolution 控制字幕生长的方向。

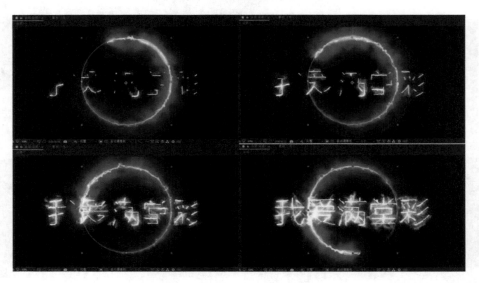

Flicker 可以模拟日光灯的闪烁效果，其中，Flicker Intensity 用于控制闪烁的大小；Flicker Speed 用于调节闪烁的频率，当速度为 0 时闪烁是不起作用的；Mask Randomization 表示遮罩随机出现；Random Seed 表示可以得到随机值。

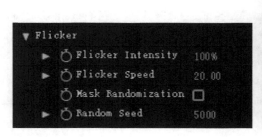

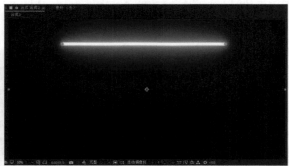

激光光束周围的空气会出现扭曲变形的情况。这种效果可以在 Distortion 中进行调节，其中，Glow Distortion 用于控制周围的环境扭曲；Core Distortion 用于控制光线本身的扭曲。

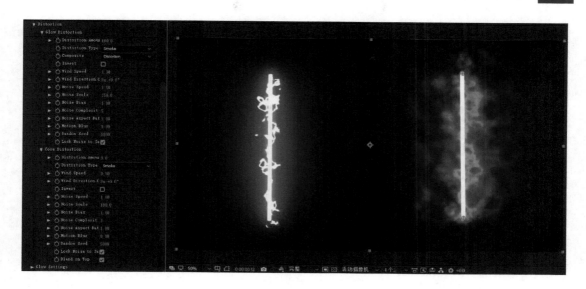

Glow Distortion 中的 Distortion Amour 用于控制扭曲的范围。Distortion Type 中有三种扭曲方式，分别是 Smoke（烟雾）、Fluid（流体）和 Energy（能量）。

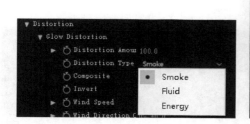
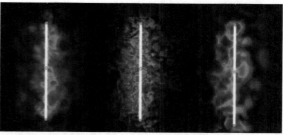

Composite 中有两种效果：Distortion（扭曲）和 Multiply（叠加）。选择 Invert 可以使光柱周围的纹理进行左右翻转。Wind Speed 用于控制周围扭曲纹理的变化速度，该数值越高则变化越快，当设置为正值时纹理会向下运动，为负值时纹理会向上运动。Wind Direction Offset 用于控制纹理运动的角度。

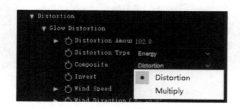

Noise Speed 用于控制噪波的变化快慢。Noise Scale 用于控制纹理的大小。Noise Bias 用于控制噪波合成的程度，该值越小则噪波越明显，值最大时，噪波只能保留细微的纹理。Noise Complexity 用于控制噪波的细节。Noise Aspect Ratio 用于在横向或纵向控制噪波的重复程度。Motion Blur 用于控制噪波在运动过程中的拖尾程度。Random Seed 用于调节噪波的随机形态。

Lock Noiseto Saber 用于锁定噪波，以解决多个物体产生不相容噪波的效果。Distortion Amour 用于让主光线周围产生类似电弧的效果，包括 Smoke、Fluid 和 Energy 三种扭曲类型。如果不勾选 Blendon Top，主体的柱光就会关闭，只留下噪波电弧。

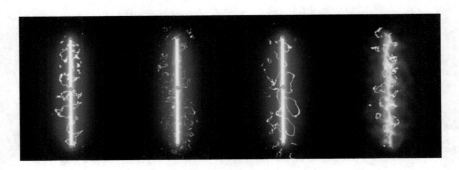

Glow Intensity Multiplier 用于调节主体辉光的亮度，并不会影响周围的细节。Glow Size Multiplier 用于控制辉光的发散程度，其最小值为 0 时，所有纯白色的光线纹理都会内收，将正常数值控制在 2～5 之间即可。Glow Pre Gamma（辉光伽马）、1 Glow 1 Intensity（辉光强度）、1 Glow 1 Size（辉光大小）、2 Glow 2 Intensity（辉光强度）、2 Glow 2 Size（辉光大小）等用于分层次调节辉光的大小。

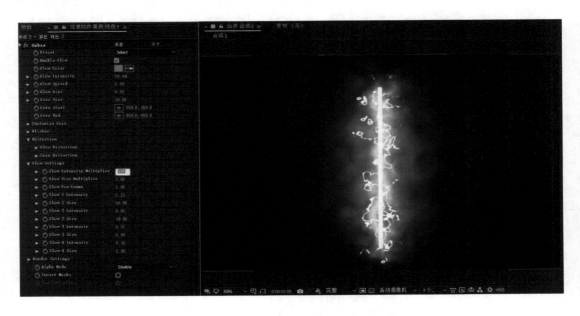

Render Settings 中，Motion Blur 默认是开启的，如果选择 Composition，则需要在时间线上方打开运动模糊，同时在图层后面也要勾选运动模糊。当 Gamma（亮度控制）和 Brightness（饱和度控制）的色彩值为 0 时，画面是黑白的。

Composite Settings 为合成设置，可以选择 Transparent（透明模式），这样光效就可以直接作用于背景图层了。

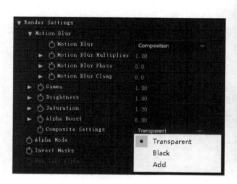

在 Alpha Mode 中，我们可以利用通道控制光线发散的范围。

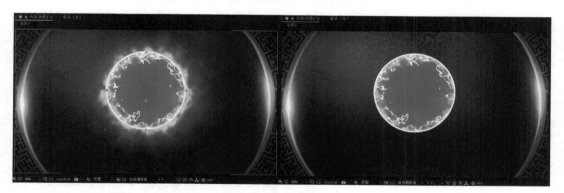

小结：Saber 光电描边插件能够制作高品质的能量光束，可模拟出辉光的衰减效果。通过设置多种高级的效果参数，能够实现扭曲变形的效果。它还具有 25 种光效的预设效果，能够把光效作用于文字的轮廓或遮罩上，并支持多个特效的叠加使用。

Saber 光电描边插件能够快速生成效果，例如，给带有通道的人物增加小宇宙爆发的燃烧效果，给标题字幕增加入、出画面的动画效果，依靠跟踪点模拟手指之间或对视的眼睛之间的闪电效果，为大厦增加彩色的光线流动效果等。该插件应用的范围比较广，能够通过绘制路径快速合成辉光效果，同时在落版字幕的效果方面也有很好的应用。

7.3　Shine 光效插件

Shine 光效插件既可以模拟三维的体积光效，也可以实现二维的平行光效，其调节参数简单，为影视后期制作工作带来了很大的便利。

首先导入一个带通道的三维字体图像，再导入一个背景图像。选择菜单命令"效果"→"Trapcode"→"Shine"为文本图层制作效果，使用默认参数就可以看到一些光线效果。下面将详细介绍各参数的作用。

Pre-Process 用于设置光线发散的范围和强度，其中，选择 Threshold 可以分离 Shine 发光效果作用的区域，当数值为 0 时所有范围都会发出光线，该数值越高则发散的边缘越少。在遮罩边缘发光的情况下，勾选 Use Mask 后，Mask Radius 和 Mask Feather 的参数将被激活。选择 Source Point 可以手动指定发光的中心点，默认为画面的正中间，以此为中心向四周发散，通过改变数值可以精确控制中心点的位置，也可以在合成窗口中拖动中心点来确定光线发散的位置。

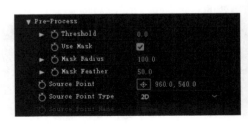

Source Point Type 用于设置发光源类型，包括 2D 和 3D Light。当选择 3D Light 时，Source Point Name 就会被激活，可以按照灯光的名称 A Light 或 B Light 来选择发光源。指定灯光后，通过三维空间的灯光位移可以控制发散光线的角度。

Ray Length 用于设置光线发散的长度，该数值越大则光线越长。但若数值过大，光线发散就会均匀覆盖整个屏幕，相当于给整个屏幕增加了亮度，而看不到光线的细节。因此数值不宜设置过高。当数值为 0 时，不发光。

Shimmer 中的各项参数可以控制光线的细节和运动。其中，Amount 用于控制光线发散的轮廓强度，该数值越高则光线边缘越清晰，数值越低则光线边缘越柔和。Detail 用于控制光线细节的数量，该数值越高则细节越多。

Source Point affects Shimmer 用于设置光束中心对微光是否发生作用，勾选后，Radius（半径）和 Reduce flickering（减少闪烁）就会起作用。Phase 通过旋转控制微光的相位。Use Loop 和 Boost Light 都可以通过设置关键帧来制作字幕从发光到收回的动画。这些都是合成字幕时经常使用的方式。

Colorize 用于调节光线的不同颜色进行搭配，这里有非常丰富的预设功能，包括以下 5 类。

第 1 类为颜色渐变的选择：One Color 可以调节颜色；3-Color Gradient 可以调节 Highlights（高光）、Midtones（中间色）和 Shadows（阴影颜色）；5-Color Gradient 可以调节 Highlights（高光）、Mid High（中间高光）、Midtones（中间色）、Mid Low（中间阴影）和 Shadows（阴影颜色）。

第 2 类为各种具象性颜色的模拟：Mars（火星）、Chemistry（化学）、Deepsea（深海）、Electric（电能）、Spirit（旋转）、Aura（光环）、Heaven（天堂）、Romance（浪漫）、Magic（魔术）、USA（美国）和 Rastafari（红黄绿）。

第 3 类为各种光线颜色的模拟：Enlightenment（启蒙运动）、Radioaktiv（放射性）、IR Vision（红外视觉）、Lysergic（麦角）、Rainbow（彩虹）、RGB（红绿蓝）、Technicolor（彩色）、Chess（国际象棋）、Pastell（粉彩）和 Desert Sun（沙漠太阳）。

第 4 类为各种自然光线颜色的模拟：Aqualight（水光）、Sunset（日落）、Flashlight（手电筒）和 Blacklight（黑光）。

第 5 类为各种环境颜色的模拟：Jatte（分布）、Edvard（爱德华）、Starry Night（星夜）、Harvest（收获）、Forest（森林）和 Desert Shadow（沙漠阴影）。

Base On 用于控制输入的通道，包括 7 种模式：Lightness（明度值）、Luminance（亮度值）、Alpha（Alpha 通道）、Alpha Edges（Alpha 通道的边缘）、Red（红色通道）、Green（绿色通道）和 Blue（蓝色通道）。

  Fractal Noise 用于设置分型噪波（噪声），它可以为光线和字体表面增加不规则高光的噪波，这样字体和光线的融合效果可更为自然。启用 Enable 时，默认分型噪波是不开启的，使用时需要进行勾选。Center 为噪波产生的中心点，设置关键帧移动后可产生流光的效果。X Speed 和 Y Speed 用于控制噪波在 X 轴和 Y 轴上平移行进的速度。Evolution Speed 用于控制噪波本身的变化频率，该数值越高则速度越快。Noise Type 用于设置噪波类型，包括 2D、3D Light 和 3D Light with Parallax 三种，选择 3D Light 可以指定灯光来控制噪波的位置，选择 3D Light with Parallax 可增加 Z 通道的调节参数。Parallax Z Depht 和 Brightness 用于控制噪波的亮度、对比度。Contrast 用于控制噪波的对比度。Opacity 用于控制噪波的透明度。Size 用于控制噪波的大小，其最小值为 1 时，噪波会非常密集，像颗粒一样；其最大值为 100 时，噪波会在物体表面形成高光的光斑。Complecity 用于控制噪波的细节，该数值越小则细节越少。Rotation 用于添加关键帧，产生噪波模式图层旋转入画的效果。勾选 Use Noise Mask 后，可以通过遮罩控制噪波的半径和羽化值，Fractal Mask Radiu 表示分型遮罩半径，Fractal Mask Feathe 表示分型遮罩羽化。Fractal Blend Mode 包括 Add、Cutout、Screen 和 Lighten 这 4 种分型混合模式。Fractal Detail 用于控制噪波的细节变化。

Source Opacity 用于调节源物体的透明度，当数值为 0 时，只有字体的轮廓显示光线。Shine Opacity 表示物体本身发出光线的透明度，当数值为 0 时，没有光线显示。Transfer Mode 用于控制光线和发光物体之间的融合模式，其使用方式和图层的叠加方式类似。

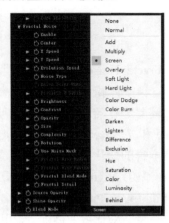

下面通过实例来模拟阳光的照射效果。导入一张背景图像，作为背景图层，选择菜单命令"效果"→"Trapcode"→"Shine"。

由于光线默认是从画面中心点发散的，所以需要调整 Source Point。单击"效果控件"面板中的 图标，将源点设置到树叶之间的漏光部分。

　　由于默认的光线颜色是三色的，不适用于自然场景，还需要在 Colorize 中修改预设参数为 One Color，调整光线的颜色使其接近自然光。

　　在 Pre-Process 中调整 Threshold，让光线减少一些，尽量将画面调节成有光线从树叶中穿出来的感觉。

　　小结： Shine 光效插件有 3 个特点：①有多种颜色的光线预设，操作调节非常方便，修改也很简单；②有强大的灯光控制功能，能够自定义各种灯光效果，并可设置动画的关键帧，可应用于三维空间；③有分型噪波功能，能够让光线与空间结合得更加柔和，在制作光线的同时能增加云雾或光彩流动的效果。

　　Shine 光效插件在字幕发光、模拟阳光和特定物体流光方面都能达到很好的观赏效果，对于硬件的要求也不是很高，调节操作也很简单。

7.4 Particular 粒子插件

Particular 粒子插件可以实现三维粒子的效果，能够实现各种自然效果，如火焰、冲击波、云烟等，也可制作出三维的高科技图形效果，如吹散的沙子、水波跟随音频节奏跳动、给物体增加燃烧的火焰效果等。在 Particular 粒子插件 3.0 版之后，提供了更为强大的粒子系统，可预设三维元素和体积光，能够创作出更为真实的 3D 场景。

首先建立一个纯色图层，选择菜单命令"效果"→"Trapcode"→"Particular"。为了更好地观察粒子，需要建立一个双节点摄像机，单击 🔘 图标，选取轨道摄像机工具。通过旋转活动摄像机视图，可以观察到一团有空间感的体积粒子。

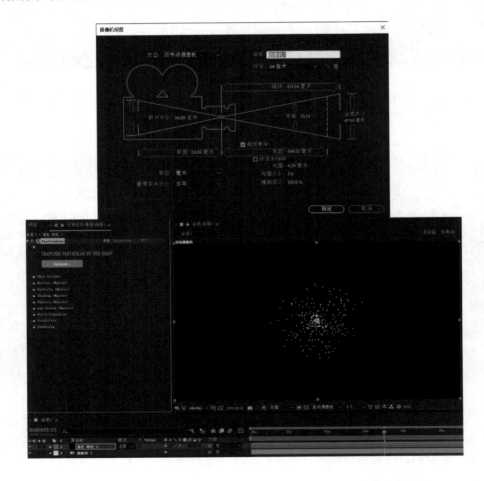

Particular 粒子插件是一个参数设置相对比较复杂的插件，包括 9 组参数：Show Systems（展示系统）、Emitter（发射器）、Particle（粒子参数）、Shading（纹理）、Physics（物理系统）、Aux System（辅助系统）、World Transform（世界）、Visibility（粒子可见性）、Rendering（渲染设置）。除此参数外，还包括 Designer（设计器），它可采用独立的可视面板，基于模块化

的设计理念，可以通过自由组合来创建新的粒子效果。

下面介绍常用的几组参数。

1．Emitter

Emitter（Master）中为发射器的主参数，用来设置粒子发射的数量、方向、速度、随机值等。

Emitter Behavior 有三种行为：Continuous 表示一直不停地发射粒子，Explode 表示粒子爆炸性一次发射之后就没有了，From Emitter Speed 表示根据设置的数值发射粒子。

Particles/sec 用于控制每秒发射的粒子数。

Emitter Type 有 8 种：Point（中心点发射）、Box（粒子以方形发射）、Sphere（粒子以球形发射）、Grid（网格状的发射器）、Light(s)（以灯光为粒子的发射源）、Layer（以图层方式发射）、Layer Grid（以图层网格方式发射）和 OBJ Model（后缀为 obj 的三维模型）。

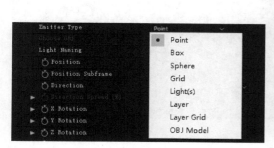
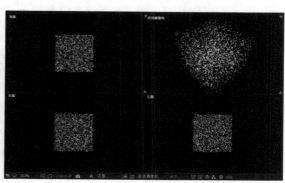
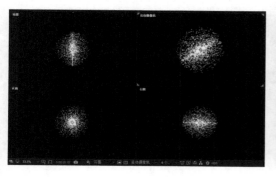
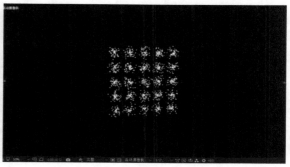

Emitter Size 用于设置发射器的尺寸，XYZ Linked 和 XYZ Individual。XYZ Linked 表示三个轴方向是关联的，XYZ Individual 表示三个轴方向是分离的。当选择分离轴方向时，可以调整 X 轴、Y 轴和 Z 轴三个方向上的数值，相当于把方形压为矩形，把球形压成椭圆形。使用网格可以放大点状矩阵之间的距离。

选择 Grid 发射器后，Grid Emitter 中的参数就会被激活，其中包含三维空间中粒子在 X 轴、Y 轴和 Z 轴方向上的变化，可以增加 Z 轴上的数量，将发射的点连成一条线。

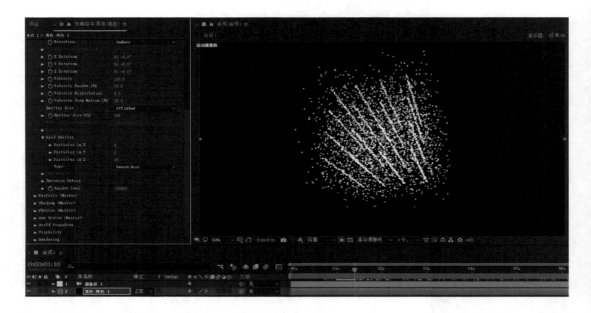

选择 Choose Name，弹出 Light Naming 对话框，此处输入的名称需要与灯光一致，这样粒子系统才会识别到灯光。以灯光为源点发射，只要调整灯光的位置就可以控制粒子。给灯光添加移动关键帧可以产生粒子拖尾移动的效果。

选择 Light(s)发射器的效果如下。

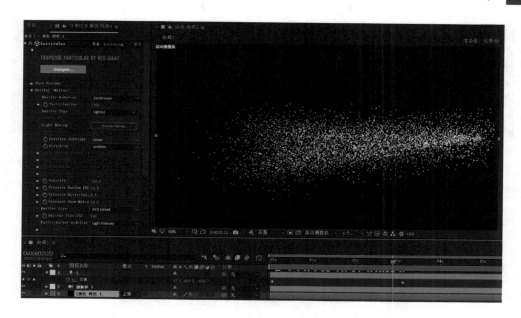

Position Subframe 有 4 种设置，包括 Linear（线性采样）、10×Linear（10 倍线性采样）、10×Smooth（10 倍圆滑）和 Exact(slow)（精确慢）。

使用 10×Linear 建立一个纯色图层。选择 Point 发射器。首先用椭圆工具建立一个圆形，然后在时间线面板中找到蒙版路径，复制其属性粘贴到粒子图层的 Position 中。

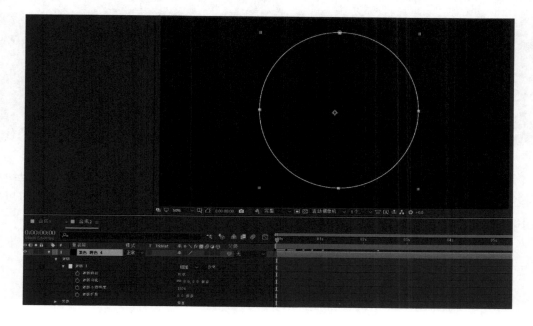

这时粒子会沿着圆形进行转动并发散。为了观察路径参数，可以把 Velocity 的 4 个参数都设置为 0，让粒子不再发散，这样便于观察粒子运动的路径。

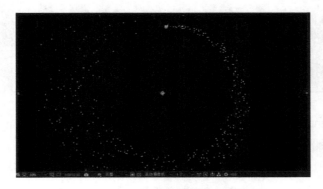

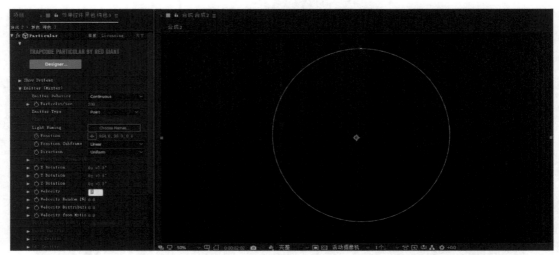

选择全部的关键帧，按住 Alt 键把动画效果缩短到 1 秒以内，就会发现粒子动画已经不再按照圆形的路径行进，变得不圆滑了。其原因是，Linear 每帧只采样一次，这时就可以应用 10×Linear 让路径保持更为圆滑的效果。

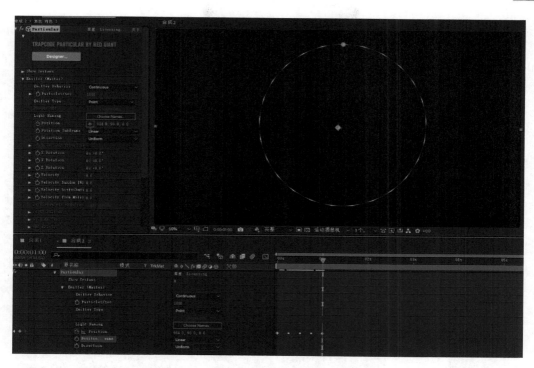

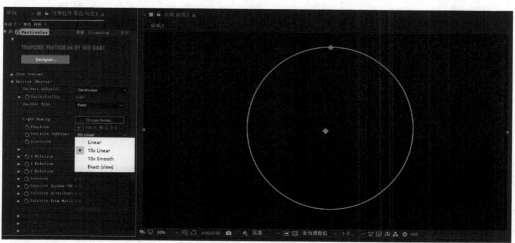

10×Linear、10×Smooth 和 Exact(slow)这三种采样方式的精度是逐步提高的,其计算量也会增加。所以在实际工作中,我们通过观察效果进行选择,只要能够达到圆滑的效果就行,若选择过高的精度,就会成倍地增加渲染时间。

Direction 中可以调整粒子发射的方向,包括以下 5 种不同的类型。

- Uniform 表示方向一致,粒子朝所有方向随机发射。
- Directional 表示单一方向,粒子朝一个方向发射。
- Bi-Directional 表示双向,粒子朝两个方向同时发射。
- Disc 表示圆盘,粒子朝 360° 呈圆盘状发射。

● Outwards 表示向外，朝三维空间的所有方向随机发射，所有粒子全部从中心点向外发散，不会有默认的随机位置。

选中 Directional，可以在 4 个视图中清晰地观察到，粒子是朝一个方向发射的。

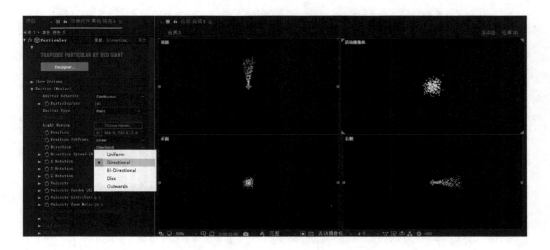

Direction Spread 被激活，该参数控制的是粒子发射的角度，当数值为 0 时，粒子朝一个方向直线发射；当数值逐步增大时，角度也随之增大。将数值设置为 100 时可朝 360° 发射。Direction 4 种发射方向的形态。

X Rotation、Y Rotation、Z Rotation 这三个用于控制发射器的旋转角度。

Velocity 用于控制粒子从发射器发出的初始位移速度。

Velocity Random 表示速度的随机值，会造成有的粒子速度快、有的粒子速度慢的随机情况。

Velocity Distribution 表示随机分布的粒子数量，当超过默认数值时，Velocity 可以分布的随机粒子就会越多。通过这个数值可以控制是变快的粒子数量多还是变慢的粒子数量多。

Velocity from Motion 用于控制粒子的惯性运动，即当粒子发射器本身具有运动方向时，粒子就会随着发射器的方向有一个惯性的运动。

在 Emission Extras 中调节相关参数，可以让粒子保持已形成的发射状态。Pre Run 用于控制初始状态下粒子的数量，在动画的第 1 帧就制作出满屏粒子的效果。Periodicity Rnd 用于控制粒子发射的先后顺序，其数值越大，混乱程度越高。Lights Unique Seeds 用于控制灯光为粒子发射，并提供随机值。Random Seed 表示随机种子，当制作多图层粒子时，调节随机种子可以错开粒子图层之间的变化方式，使其形态变化效果更加丰富。

【实例】以图层方式发射。

新建一个纯色图层，选择菜单命令“效果”→“杂色和颗粒”→“分型杂色”，修改杂色类型为“块”，复杂度设置为 1，缩放设置为 250，对比度设置为 360，亮度设置为 -70。选择菜单命令“效果”→“色彩校正”→“色调”。

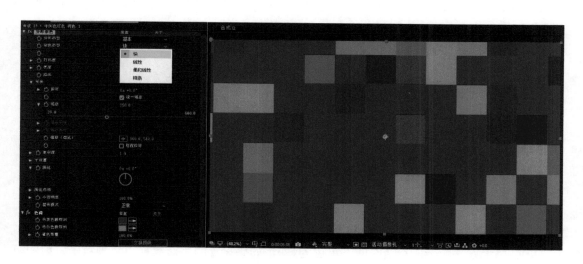

新建一个合成图层，把所有合成作为一个图层拖入，并打开该图层的三维图层开关，调整发射器图层的位置，在 Emitter 参数中，指定 Layer Emitter 中的 Layer 为发射器图层，并隐藏发射器图层，粒子就会按照发射器图层的范围和颜色发射出来。使用 Layer 发射器可自动生成一个灯光图层，由于 Particular 粒子插件只能识别单独图层的状态，并不能识别图层之上添加的效果，所以在使用图层添加效果后一定要进行预合成。

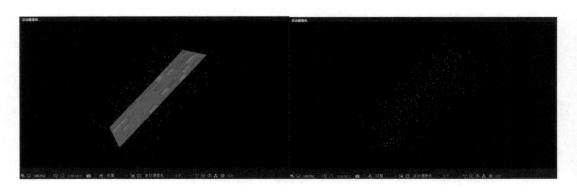

Layer Sampling 用于设置层取样方式，包括 Current Time（当前时间）、Particle Birth Time（粒子出生时间）、Still（静止）三种。

Layer RGB Usage 用于设置颜色与粒子之间的调用方式，包括 Lightness-Size（亮度到大小）、Lightness-Velocity（亮度到速度）、Lightness-Rotation（亮度到旋转）、RGB-Size Vel Rot（使用发射器图层的颜色影响粒子大小）、RGB-Particle Color（使用发射器图层颜色作为粒子的颜色）、None（没有效果）、RGB-Size Vel Rot+Col（使用发射器图层的颜色和根据颜色影响大小）、RGB-XYZ Velocity（使用发射器图层在 X 轴、Y 轴、Z 轴方向上发射粒子）、RGB-XYZ Velocity+Col（使用发射器图层在 X 轴、Y 轴、Z 轴方向上发射粒子，并根据图层颜色影响粒子颜色）。

2．Particle

Particle (Master)用于设置粒子的主参数，包括各种细节。

Life 用于设置粒子的存活时间（单位为秒），如果设置的生命周期短，则粒子发射的范围就会小，当制作满屏粒子散开时，就需要把生命值加大。

Life Random 用于调节随机值，让粒子的生命周期能有长有短。

Particle Type 包括 13 种粒子类型，分别是 Sphere（球体）、Glow Sphere(No DOF)（发光球体）、Star(No DOF)（星形）、Cloudlet（云状）、Streaklet（条纹）、Sprite（精灵）、Sprite Colorize（精灵着色）、Sprite Fill（精灵填充）、Textured Polygon（纹理多边形）、Textured Polygon Colorize（纹理多边形着色）、Textured Polygon Fill（纹理多边形填充）、Square（方形）、Circle(No DOF)（圆形）。

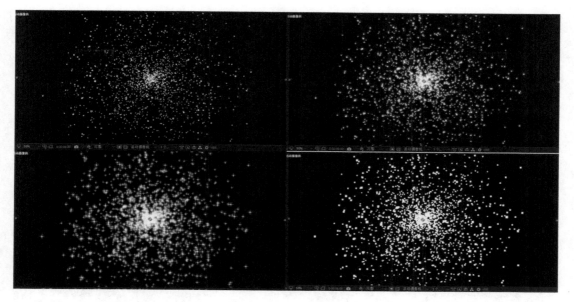

Particle Type 中的几个常用类型说明如下。

① 当 Particle Type 选择 Sphere 类型时，Sphere Feather 被激活。
Sphere Feather 用于调节粒子不同形状的边缘羽化程度，当数值为 0 时不羽化。

② 当 Particle Type 选择 Star(No DOF)类型时，Rotation 中的
参数被激活。

其中，Orient to Motion 选项默认是关闭的，只要开启该选项，
星形就会全部对准中心点。

Rotate Z 用于控制星形朝统一方向旋转。

Random Rotation 用于控制星形旋转的方向。

Rotation Speed Z 用于控制 Z 轴方向上星形的发射速度，使
其有快有慢。

Random Speed Rotate 用于控制星形随机旋转的速度。

Random Speed Distribution 用于控制星形随机分布的速度。

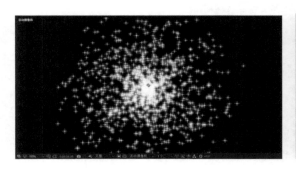
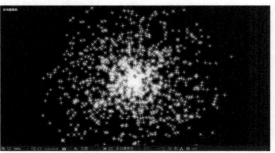

③ Particle Type 中的 Sprite 类型用于自定义粒子的形状，这时 Texture 会被激活，我们可以制作一个图形作为粒子发射。建立一个 200×200 像素的红色图层，使用星形工具制作出一个五角形，并在 Texture 的 Layer 中指定其为红色图层，将源选择为蒙版，隐藏红的星形粒子贴图图层，这时粒子就被替换为五角形状了。

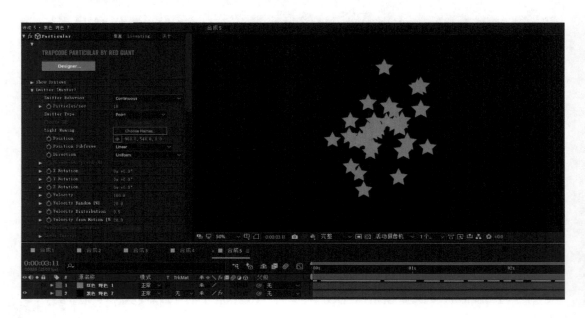

Texture 组中的 Time Sampling 用于设置在指定时间周期内粒子变化的参数，包括 Current Time（当前时间）、Start at Birth-Play Once（从出生开始播放一次）、Start at Birth-Loop （从出生开始循环）、Start at Birth-Stretch（从出生开始伸展）、Random-Still Frame（随机静止碎片）、Random-Play Once（随机播放一次）、Random-Loop（随机循环）、Split Clip-Play Once（分割片段播放一次）、Split Clip-Loop（分割片段循环）、Split Clip-Stretch（分割片段拉伸）、Current Frame-Freeze（当前帧冻结）。

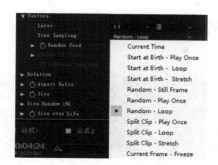

Sprite 类型的一个特点是，无论摄像机在 X 轴、Y 轴、Z 轴方向上如何移动，粒子都会朝向摄像机发射。Rotation 组中的 Rotate Z 被激活后，就可以在 Z 轴方向上做旋转了。Random Rotation 可以让每个粒子随机进行不同角度的旋转。

④ Particle Type 中的 Sprite Colorize 类型可不使用指定粒子贴图的颜色，而在 Color 中直接为粒子着色。

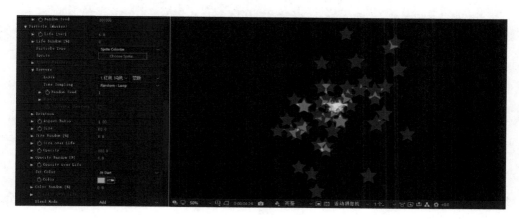

⑤ Particle Type 中的 Sprite Fill 可给指定粒子贴图填色。

【实例】字符位移。

建立一个文本图层，输入数字 1，从文本图层预设动画效果中选择"字符位移"。

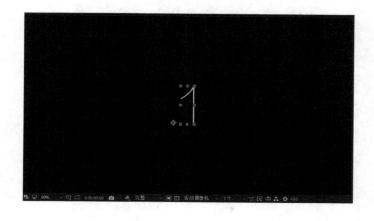

在合成面板中，为"字符位移"设置关键帧，在第 0s 至第 5s 之间，数字按 1,2,3,4,5,6,7,8,9,0 的顺序变化。

在 Texture 组的 Layer 中选择数字 1 作为源。将 Time Sampling 设置为 Random-Loop，并隐藏文本图层。

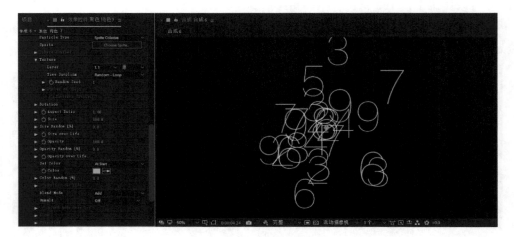

Sparticle Type 选择 Sprite Fill 类型进行填充时，Sprite 会被激活，通过 Choose Sprite 可以选择不同的预设粒子形状。

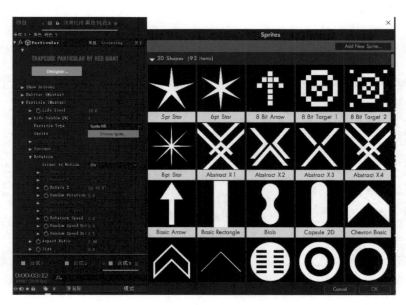

使用这些预设粒子形状能够制作出一些特殊的效果。

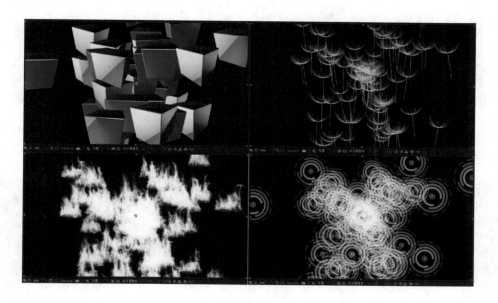

Aspect Ratio 用于控制星形的横向或纵向的比例。

Size 可调节星形的大小。

Size Random 可让不同的粒子类型形成随机值。

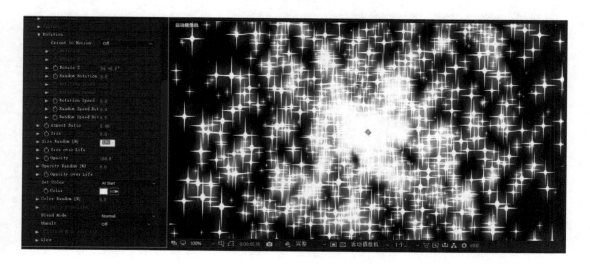

Size over Life 可随生命周期产生变化,横轴 TIME 表示从 Start 到 End 的过程,纵轴 SIZE 用于控制粒子的大小。按住鼠标左键可以直接在坐标轴内画出用于控制粒子变化的曲线,起始部分粒子小,中间部分粒子最大,结束部分粒子小。也可以单击上方的钢笔工具,使用绘制节点的方法给出生命周期内粒子的变化路径,按住 Ctrl 键单击鼠标可以增加节点。选择 Smooth 可对路径进行圆滑处理。

在右侧的 PRESETS 下拉列表中可以选择系统预设效果，先让粒子突然增大，再马上减小，就可以制作出星星闪烁的效果。

Opacity 用于控制粒子的透明度。Opacity Random（随机透明度）用于让粒子产生明暗交替的效果。Opacity over Life 和 Size over Life 一样，都可以模拟出星星闪烁的效果。

Set Color 中，At Start（开始时）表示使用单一颜色，Over Life（生命结束）表示颜色会随着生命周期发生变化，另外还可选择 Random from Gradient（渐变随机）或 From Light Emitter（从发光体）。

若选择 Over Life，则 Color over Life 随之激活。

在 Color Ramp 下单击可以添加或删除颜色节点。在右侧 PRESETS 中可以选择预设的颜色变化。Blend Mode 表示粒子之间的混合方式，在粒子之间有交集的情况下，通过混合模式可以区分其交叉部分的模式，包括 Normal、Add、Screen、Lighten、Normal Add over Life 和 Normal Screen over Life。

 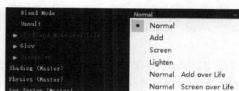

Unmult 用于控制粒子贴图时黑色边缘是否显示。

Glow 组用于设置每个粒子自带发光效果的参数。Size 用于控制粒子发光范围的大小。Opacity 用于控制粒子发光的透明度。Feather 用于控制粒子发光范围的羽化程度，将羽化程度降低也可以使星形边缘呈现圆形轮廓，产生梦幻效果。Blend Mode 为混合模式，包括 Normal、Add 和 Screen 三种。

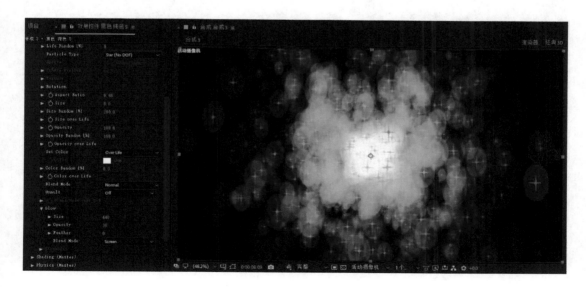

Streaklet 用于控制粒子纵向的条纹。Number of Streak 用于设置条纹的数量。Streak Size 用于控制条纹的宽度。Random Seed 用于控制条纹的随机状态。

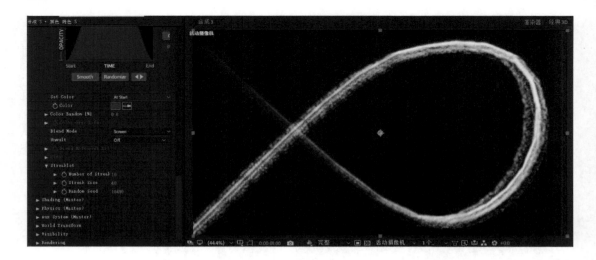

在电视节目制作中，我们经常会用到光线在镜头中穿梭形成光条的效果，虽然使用三维软件建立面片拉伸并贴图后可以达到光条的效果，但其操作烦琐且制作时间很长。在 AE 中直接使用 Particular 粒子插件就可以制作出光条的效果，下面介绍制作光条的方法。

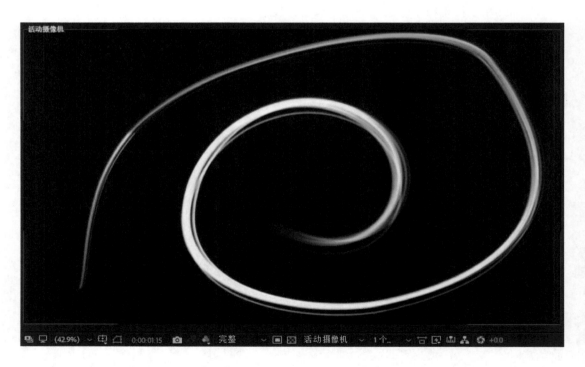

【实例】制作光条。

首先建立一个灯光图层，并命名为 E，在 Emitter Type 中选择 Light(s)，让灯光作为粒子的发射源，给灯光位置增加关键帧，使之在屏幕上旋转并向中心点方向运动。

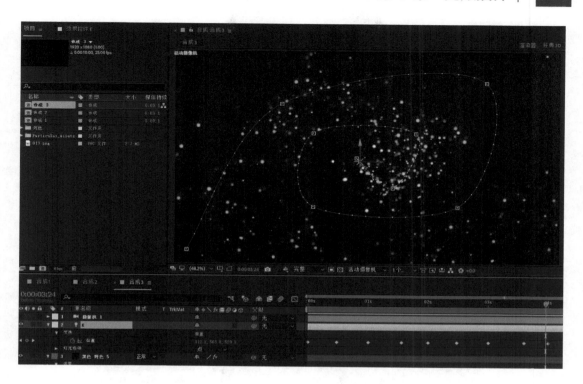

在 Emitter 中设置 Emitter Size X/Y/Z 均为 0。由于光条效果并不需要粒子发散，所以设置 Velocity、Velocity Random、Velocity Distribution、Velocity from Motion 这 4 个参数为 0，使粒子保持线条状态。

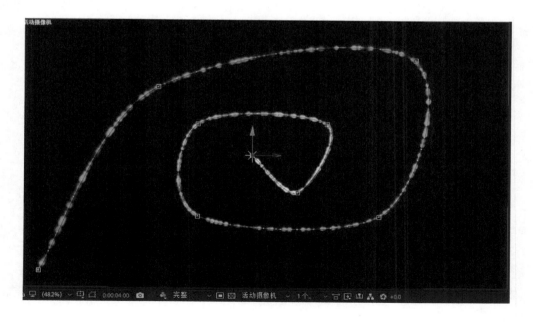

由于粒子之间有一定的间距，因此在 Emitter (Master)中，设置 Particles/sec（每秒发射的粒子数）为 4000。

为了使之更接近金色，将 Color 设置为黄色。设置 Particle Type 为 Streaklet，可为光条增加线条感。设置 Size 为 20，可增加光条的宽度。

在 Size over Lift 中修改生命周期曲线为左高至右低的斜坡形状。设置 Life 为 4s，这样光条尾部就可以随着时间收缩变细后消失。修改 Blend Mode 为 Screen，可增加光条渐变的效果，同时也可以再把颜色加深一些。在 Opacity over Life 中修改生命周期曲线为抛物线形状，可避免出现光条头部效果生硬的情况。

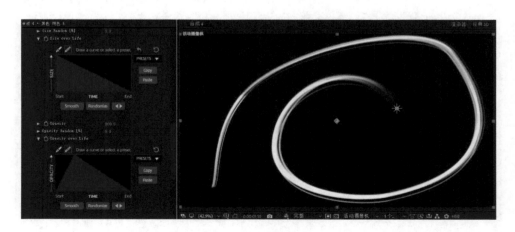

根据具体情况修改各关键帧的位置，以满足镜头的需求，还可以通过设置 Glow 来加强光条的自发光效果。

3. Physics

Physics (Master)用于设置物理系统主参数。

Physics Model 分为 Air（空气）和 Bounce（弹跳）两种模式。

（1）Air 模式

Gravity 用于设置重力的大小，其数值为正时向下落，为负时向上飘。

Physics Time Facto 表示物理时间因素，用于控制粒子的运动时间，令粒子产生快放或慢动作的效果。

Air 中，Motion Path 表示运动路径；Air Resistance 可以让粒子模拟受到空气阻力的影响后逐渐变慢；Air Resistance Rota 可以让粒子模拟受到空气阻力后发生旋转；Spin Amplitude 可以让每个粒子都按照自己的轨道旋转发射；Spin Frequency 可以提高旋转的速度；Fade-in Spin 表示粒子在发射一段时间（以秒为单位）后才会受到自旋转的影响；Wind X、Wind Y 和 Wind Z 这三个选项可以使粒子在 X 轴、Y 轴、Z 轴三个方向上受到风力的影响；勾选 Visualize Fields 复选框后，在摄像机视图中可以观察到在 X 轴、Y 轴、Z 轴方向上各自出现一条线，可对粒子的大小和位置产生扰乱效果。

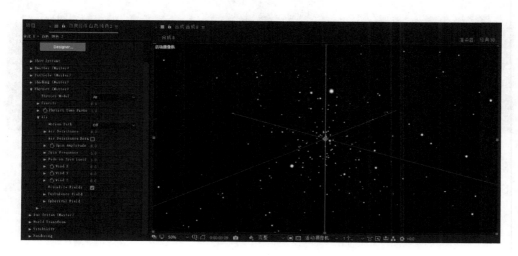

Turbulence Field 组中，**Affect Size** 可对粒子的大小产生扰乱，让粒子在发射的过程中产生大小的变化；**Affect Position** 可在三维空间中对粒子产生位置上的扰乱；**Fade-in Time** 用于设置粒子在发射后受到扰乱影响的时间（以秒为单位）；**Fade-in Curve** 用于设置过渡方式，包括 Linear（线性）和 Smooth（圆滑），一般使用 Smooth。

另外，Scale 用于控制扰乱产生的幅度，其数值越大，扰乱的效果就越明显；Complexity 用于调整扰乱的细节，其数值越大，细节就会越多；Octave Multiplier 用于控制扰乱的空间顺序；Octave Scale 可以成倍提升扰乱的效果；Evolution Speed 用于控制演变的速度，其数值越大则速度越快；Evolution Offset 用于演变的偏移；X Offset、Y Offset 和 Z Offset 用于分别控制单个轴方向上的噪波演变；Move with Wind 用于设置随风运动的效果。

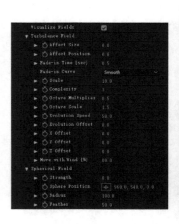
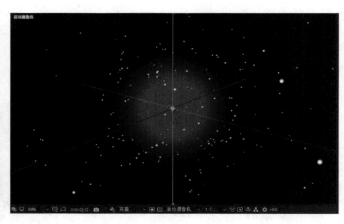

Spherical Field 用于设置球形场。

Strength 为正值时可弹开粒子，为负值时可吸引粒子，并且能够按照球形场的范围运动；

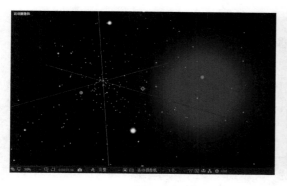 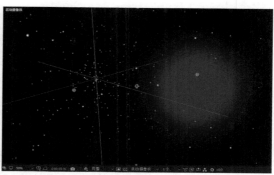

Sphere Position 用于控制球形场在空间中的位置。

Radius 用于控制球形场的大小。

Feather 用于调整球形场逐渐生成的范围。

（2）Bounce 模式

选择 Bounce 模式后，相应的参数被激活。

Floor Layer 用于指定一个图层作为地面，与粒子相互作用。

Floor Mode 为地面模式，包括：Infinite Plane 可在指定图层中创建一个无限大的平面，即使从图层中移走粒子也会按照图层的位置发生阻挡，并使粒子弹跳；Layer Size 表示粒子的碰撞面积与图层的大小一致；Layer Alpha 表示粒子在图层透明的地方会直接穿过，而不透明的地方会产生遮挡并弹跳。

Wall Layer 表示可以指定墙面图层与粒子发生碰撞，但最多只能指定两个墙面图层。

Wall Mode 为墙面模式，与 Floor Mode 类似。

Collision Event 包括：Bounce，粒子触碰到平面后会产生弹跳效果；Slide，粒子触碰到平面后会根据平面角度产生滑动效果；Stick，粒子触碰到平面后不再运动，而是粘在平面上；Kill，粒子碰撞平面后直接消失。

Bounce 的数值越大，粒子就会反弹得越高。

Bounce Random 用于控制粒子的随机弹跳强度。

Slide 指粒子遇到地面或墙面时，由于角度关系会影响滑动的速度，其数值越大，滑动得越远。

【实例】弹跳效果。

创建一个纯色图层，打开 Particular 粒子插件，打开三维图层 ⬚ 开关，调整 X 轴方向，并使之向下平移。然后添加双节点摄像机。

在 Physics (Master)中：将 Gravity 设置为 100，使粒子自由下落；在 Physics Model 中选择 Bounce，然后在下面的 Bounce 的 Floor Layer 中设置地面图层为源，就可获得粒子下落碰撞地面后弹跳的动画效果。

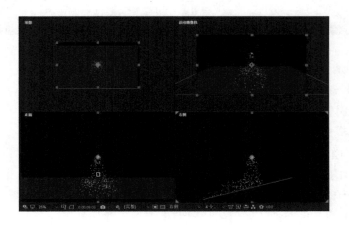

【实例】星火效果。

建立一个纯色图层，打开 Particular 粒子插件。

Emitter (Master)中：调整 Position 参数，设置星火发射源的位置。将 Emitter Type 设置为 Box，Emitter Size 设置为 XYZ Individual。调整 X 轴为 1000、Y 轴为 50，Z 轴为 250。整体的设计效果为粒子从画面左下向右上飘升。

Physics (Master)中选择 Air 模式，在 Air 中调整 Wind，设置 X 轴为 200、Y 轴为-200，Z 轴为-200。

Particle (Master)中：Particle Type 选择 Cloudlet，Size 设置为 2.5，Size Random 设置为 60。

Color 设置为火焰的暗红黄色。Blend Mode 选择 Add，这样火焰的效果会变得亮一些。为了让画面效果更好，还可以选择菜单命令"效果"→"风格化"→"Glow"。

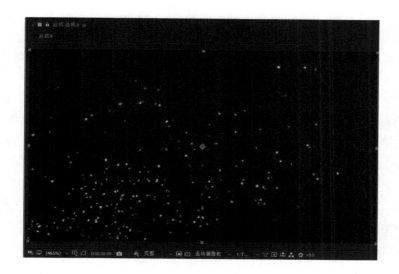

在 Particle (Master)的 Size over Life 中，使用钢笔工具制作出粒子在动画结束时逐渐变小的效果。

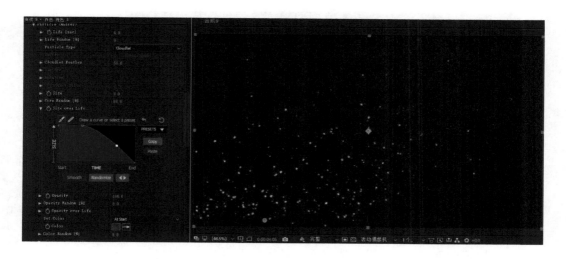

现在观察到粒子在画面中是沿着从左下到右上笔直的路径向上飘升的。下面可以通过调节扰乱场让火花飞舞起来。Physics (Master)中：设置 Turbulence Field 中 Affect Position 为 300，让粒子在上升过程中有不规则的运动方向，产生飘动的感觉。还可以通过调整 Scale 的大小来控制粒子抖动的频率。

4. Aux System

Aux System (Master)用于设置辅助系统的主参数，可以控制次级粒子和主粒子之间的关系。次级粒子的参数分为两类：一类与主粒子的含义相同，另一类表示与主粒子之间的相对关系。

Emit 为发射类型,包括:Off(关闭)、At Bounce Event(发生碰撞事件时启动)和 Continuously(持续性的)。

Emit Probability 用于控制一部分主粒子使其不会产生次级粒子,其数值越小,能够产生次级粒子的主粒子就会越少。当将其设置为 100% 时,所有主粒子都会产生次级粒子。

Start Emit 用于控制次级粒子开始发射的时间。其和主粒子的生命周期相关联,通常会以主粒子生命周期长度的百分比来控制次级粒子开始发射的时间。

Stop Emit 用于控制次级粒子停止发射的时间,就是指次级粒子消失的时间。

Particles/Collision 表示每秒发射的次级粒子数。

Particle Velocity 用于控制次级粒子的扩散速度。

Inherit Main Velocity 表示次级粒子继承主粒子发射速度的百分比。

Life 表示次级粒子的生命周期长度。

Life Random 表示次级粒子的生命周期长度(随机)。

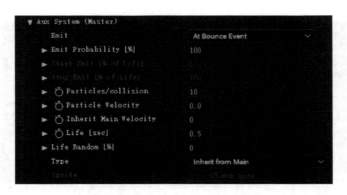

Type 用于选择次级粒子的类型,除了 Inherit from Main(和主粒子类型一致),其他类型与主粒子的相同。

Sprite 和 Choose Sprite 用于选择次级粒子的各种形态,包括 Texture、Layer、Time Sampling、Random Seed、Number of Clips 和 Feather。

Blend Mode 为次级粒子之间的混合模式,包括 Normal、Add 和 Screen。

Size 表示次级粒子的大小。Size Random 用于产生次粒子大小的随机值。Size over Life 表示次级粒子大小随生命周期。

　　Rotation 用于控制次级粒子旋转，其中的参数设置与主粒子的相同。

　　Opacity 用于控制次级粒子的透明度。Opacity Random 表示透明度随机。Opacity over Life 表示透明度随生命周期。

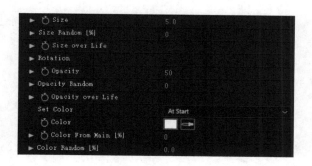

　　Set Color 用于设置颜色，包括 At Start、Over Life、Random from Gradient。

　　Color From Main 用于控制次级粒子继承主粒子的百分比。

　　Color Random 用于控制次级粒子的颜色随机变化。

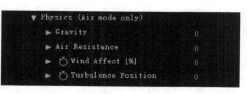

　　Physics (Air mode only)用于控制次级粒子的重力系统，仅限 Air 模式。Gravity、Air Resistance 和 Wind Affect 用于设置物理系统主参数中风力对次级粒子的影响百分比。Turbulence Position 用于设置次级粒子在风中摇摆的效果。

　　【实例】烟花效果。

　　建立一个纯色图层，打开 Particular 粒子插件。

　　Emitter (Master)中，Emitter Behavior 设置为 Explode（爆炸）。

　　Aux System (Master)中，Emit 选择 Continuously（持续性的）。

　　Particle (Master)中，Size 设置为 15，修改 Color 为橙黄色。

　　Aux System (Master)中，Particles/Collision 设置为 200，Particle Velocity 设置为 60。

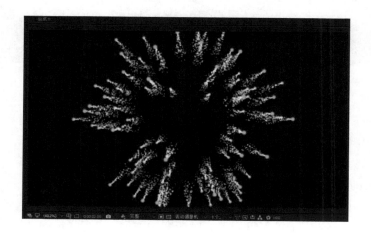

在 Physics (Air mode only)次级粒子的重力系统中，Gravity 设置为 250，Turbulence Position 设置为 200，这样就可以模拟出烟花效果了。

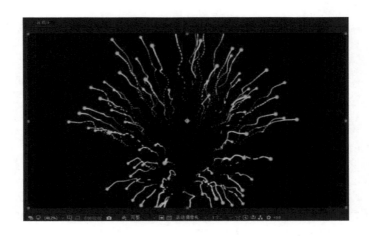

5．World Transform

World Transform 用于控制整个粒子系统的全局变化方式。可以在粒子世界坐标上设置 Rotation 和 Offset 参数对粒子进行调整。

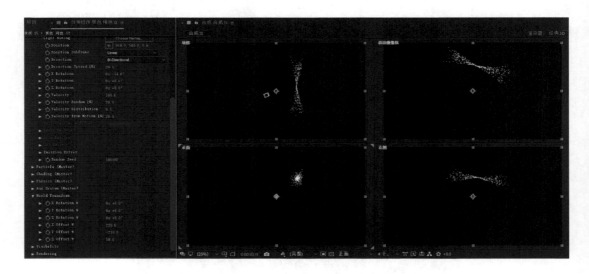

6．Visibility

Visibility 用于调整粒子的可见参数，控制其消失的过程。

Far Vanish 用于控制粒子到摄像机的消失距离。

Far Start Fade 用于控制粒子到摄像机逐渐消失的距离。

Near Start Fade 用于控制粒子距离摄像机多近后开始消失。

Near Vanish 用于控制粒子距离摄像机多近后马上消失。

Near and Far Curves 用于控制粒子消失时渐变的类型，包括 Linear 和 Smooth。

Z Buffer 用于指定景深贴图。

Z at Black 和 Z at White 可结合三维软件中的景深图层使用。

Obscuration Layer 用于指定遮挡图层，如果不指定遮挡图层，Particular 系统是无法自动识别遮挡图层与粒子图层之间的三维空间关系的。

Also Obscure with 用于选择其他的遮挡关系，包括 None（没有）、Layer Emitter（图层发射器）、Floor（地板）、Wall（屏蔽）、Floor Wall（地面）和 All（全部）。

 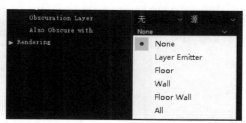

7. Rendering

Render Mode 用于设置渲染模式，包括 Full Render（全质量渲染）和 Motion Preciew（运动预览）。

Acceleration 有两种加速选择：CPU 和 GPU。Particle Amount 用于控制渲染的粒子密度，在制作时如果计算机卡顿比较严重可以先适当降低此参数值，但渲染时需要把其值设置为 100，再进行最终的输出。

Depth of Field 用于控制景深，其中的 Camera Settings 可以根据摄像机的景深来调整粒子的效果，也可以选择 On 和 Off。

Motion Blur 可以让粒子出现拖尾的效果：Comp Settings 表示运动模糊，当设置为 On 时就可以使用 Particular 自带的运动模糊。

Shutter Angle 表示使用快门角度控制运动模糊的强度。

Shutter Phase 表示使用快门相位控制运动模糊的偏移值。

Type 用于采样控制，包括 Linear（线性）和 Subframe Sample（副帧采样）两种运动模糊方式。

Opacity Boost 可以提高粒子的亮度。

Disregard 包括 Nothing（没有）、Physics Time Factor(PTF)（物理时间因素）、Camera Motion（摄像机运动）、Camera Motion & PTF（摄像机运动和物理系统）。

【实例】下雨效果。

首先导入一张地面贴图，将其调入合成面板，打开三维图层开关，使地面图层 X 轴向上倾斜 40°。建立一个空对象图层，打开三维图层按钮，使其 X 轴向上倾斜 40°，并沿 Z 轴向上移动，使其和地面图层保持平行。建立一个摄像机，将摄像机与空对象图层绑定为父子关系，为空对象图层设定移动路径，并设置关键帧。摄像机会跟随其移动，这样地面就会产生在三维空间中行进的效果。

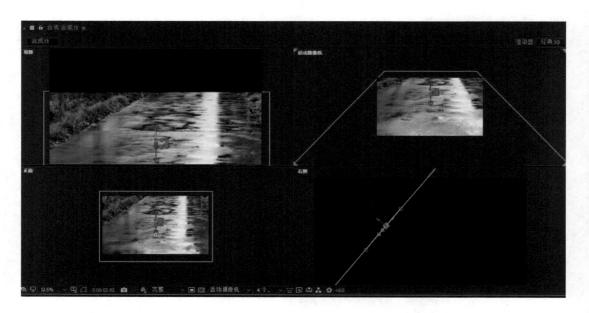

创建一个纯色图层，打开三维图层开关，调整和地面图层同样的 40° 角，并调整大小，将其命名为发射层。

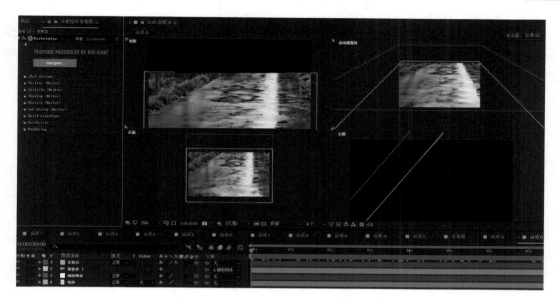

创建一个纯色图层，将其命名为粒子雨，打开 Particular 粒子插件。Emitter (Master)中：Emitter Type 选择 Layer，Layer Emitter 中的 Layer 设置发射层为源，Layer RGB Usage 设置为 None。

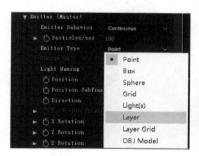

Direction 中：Directional 可以根据发射器的角度进行发射。X Rotation 输出为 180，因为默认的发射方向是向外的，故需要旋转 180°来向内发射。Velocity 设置为 1000。Direction Spread 设置为 0，让粒子垂直发射。

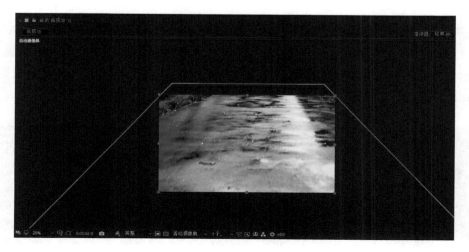

下面通过调节物理系统来制作水花溅起的效果。Physics(Master)中：Physics Model 选择 Bounce，降低 Bounce 数值为 5；Floor Layer 中选择地面源，即反弹载体；Collision Event 中选择 Kill，即碰撞后便会消失。

在摄像机视图中观察效果。

还需要在辅助系统中制作水花溅起的效果。Aux System (Master)中：Emit 选择 At Bounce Event，修改次级粒子的 Particle Velocity 为 200，Size 为 3，将 Particles/collision 设置为 20。

在合成面板中打开运动模糊的总开关，这样雨滴下落的过程就会出现拖尾的效果。还可以将 Particle (Master)中主粒子的 Size 设置为 4。

由于溅起的小粒子没有受到运动模糊的影响，所以还需要设置 Rendering 参数：Motion Blur 设置为 On。

Aux System (Mater)中：Particle Velocity 设置为 300，Life 设置为 0.3，在 Size over Life 中让粒子生命以曲线方式结束。设置次级粒子 Opacity 为 25。

参数基本调整好了，如果需要制作大雨或暴雨还可以修改 Emitter (Master)中 Particles/Collision 的参数值，粒子随生命周期变化的数值越高，雨的密度就会越大。

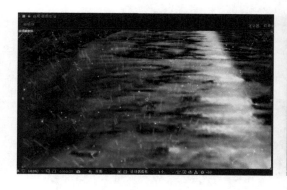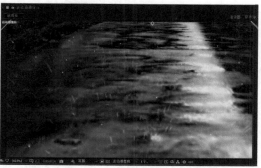

【实例】光线效果。

下面使用次级粒子制作光线效果。首先创建一个纯色图层。打开 Particular 粒子插件。再创建一个灯光图层让运动路径可见，设置灯光图层名称为 1。

Physics (Master)中：Physics Model 选择 Air 模式，在 Air 组中设置 Motion Path 为 1，相当于给粒子自定义了一种风力和路径，粒子会按照 Motion Path 的风力参数和路径发射。

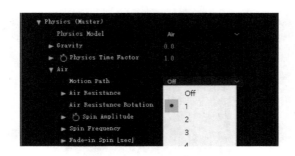

新建一个纯色图层，绘制一个心形路径，复制心形路径的蒙版路径到 Motion Path 1 中。

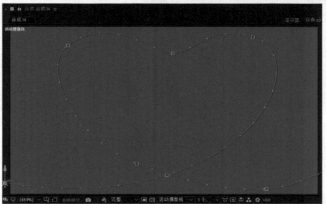

在 Emitter (Master)中修改 Position，使粒子发射器的位置与灯光图层的初始位置保持一致，这样粒子就会跟随灯光的路径进行运动。

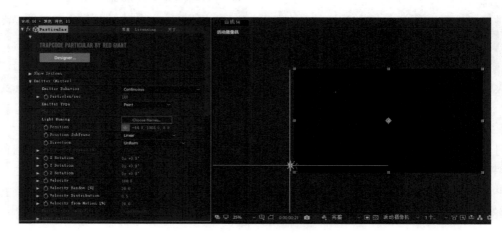

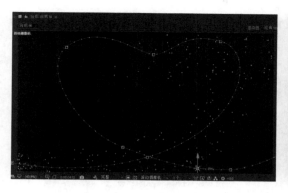 

在 Emitter (Master)中将关于速度的参数均设置为 0，即 Velocity、Velocity Random、Velocity Distribution 和 Velocity from Motion，可以使粒子的发射变成线状。Particles/sec 设置为 1000，将粒子沿着路径分布的密度增大，使其连接为一条线。为了让路径更加平滑，可以在 Position Subframe 中选择 10 x Linear，还可以在 Physics (Master)的 Motion Path 中选择 1HQ，让路径变得更为平滑。

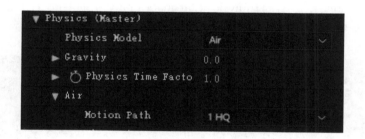

在 Emitter Type 中选择 Box，将 Particles/sec 设置为 50，Emitter Size XYZ 设置为 50。

在辅助系统中，设置 Emit 为 Continuously，形成连续不断的效果，并设置次级粒子的 Particles/sec 为 500，把次级粒子的生命值设置为 1，使其拖尾加长一些。

Particle (Master)中：设置 Size 为 0，让主粒子消失只显示次级粒子。

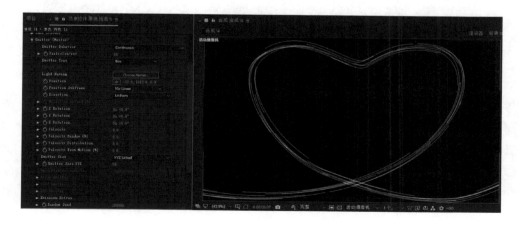

下面来调节粒子的颜色。在辅助系统中设置 Blend Mode 为 Add，将 Size over Life 设置为抛物线，可以让光线的头尾自然消失。

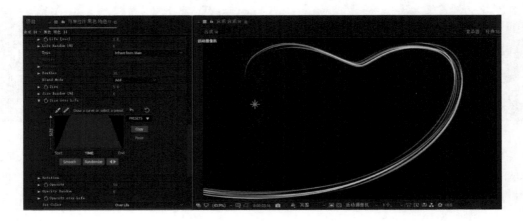

为了让粒子的效果更像光线，可以设置主粒子的参数。Particle (Master)中：Particle Type 选择 Streaklet。在辅助系统中，将 Physics (Air modes only)中的 Gravity 设置为 200，让次级粒子在轨道上有一些偏移，这样制作出的视觉效果更为出色。

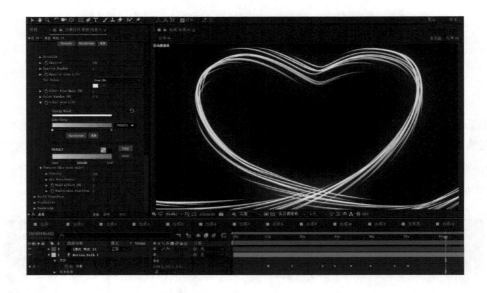

【实例】使用灯光发射器制作光线。

首先创建一个纯色图层，使用 Particular 粒子插件。创建灯光图层并命名为 Emitter 。将灯光居中，设置 Position 的 X 轴为 960，Y 轴为 540，Z 轴为 0。创建一个空对象图层，并打开三维图层开关，让灯光图层和空对象图层绑定为父子关系，创建一个摄像机。

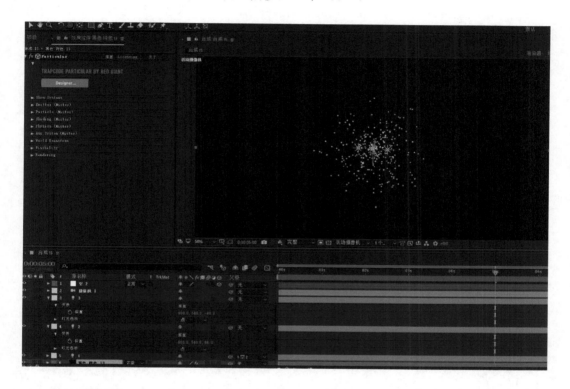

复制两个灯光图层，分别在 Z 轴上偏移 80° 和 -80°。

给物体设置空间移动关键帧。在粒子图层的 Particular 粒子插件中，Emitter Type 选择 Light。在 Emitter (Master) 中，将关于速度的 4 个参数均设置为 0，即 Velocity、Velocity Random、Velocity Distribution 和 Velocity from Motion，使粒子变为线状发射。Emitter Size XYZ 设置为 0。

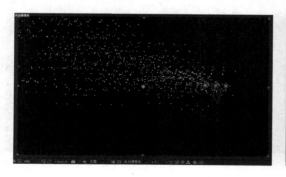
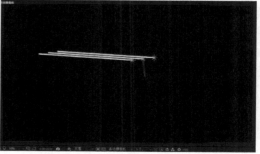

在空对象图层的 X 轴方向上设置关键帧，使之绕 X 轴旋转 2 圈。

空对象图层就会带动 3 个灯光图层旋转向前移动，左、右两边的灯光由于中心点位置不同，会产生围绕中间灯光螺旋前进的效果。

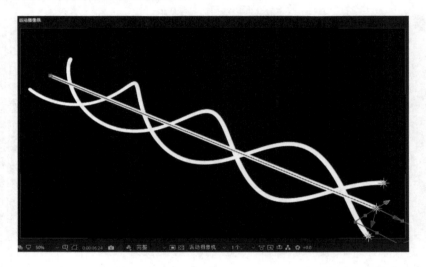

下面调节粒子。在 Particle (Master) 中：Life 设置为 5s，Size over Life 设置为逐步减弱，即在结束时自动消失。Color 设置为橙色，Blend Mode 设置为 Add 模式。

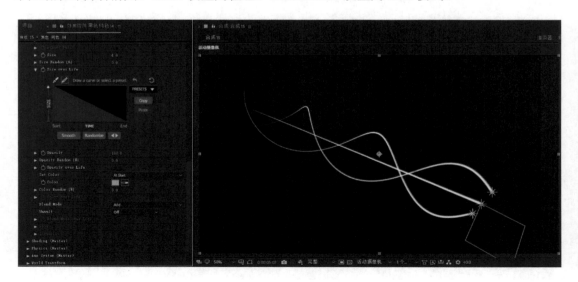

调整灯光的初始位置，设置另外两个灯光图层的位置分别为 X 轴-20 和 X 轴-80，让 3 条光线不要对齐，调整出先后顺序。

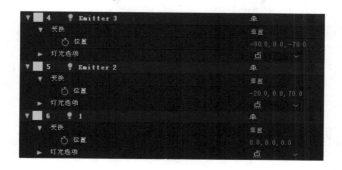

为了让中间的光线更加明显，还需要新建一个纯色图层，并添加 Particle 粒子插件效果。将中间的灯光图层重新命名为 1，并将 Size 适当加大为 9。

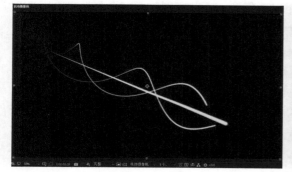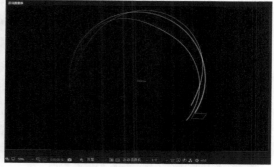

再创建一个空对象图层，通过新的空对象图层的旋转路径来让光线进行 360°旋转。也可以通过修改 Set Color 中的 Over Life 来赋予粒子更多的颜色。

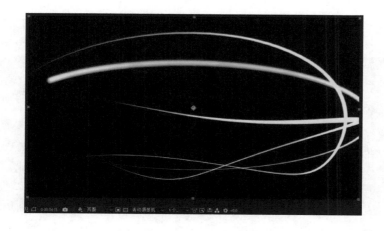

小结：Particle 粒子插件具有上手快、速度快、效果好的特点。在 AE 中，它可以利用摄像机的角度模拟出三维空间的动态效果，而不需要计算三维空间中各种物理的碰撞效果等。Particle 粒子插件的功能强大，可调节的参数多，能够模拟出烟花、闪光、科技线条等绚丽的效果。

第 8 章　三 维 插 件

8.1　Element 3D 三维插件

在电视节目制作中，我们经常要用到三维字幕的落版标题。使用三维软件制作三维字幕的效果肯定最好，但其生成导入/导出的流程相对要复杂，所以当制作时间比较紧时，就可以使用 Element 3D 插件来完成。Element 3D 插件制作的三维物体可以在 AE 中直接渲染，省去了大量的生成和交互时间，其采用 Open GL 程序接口，可支持显卡直接参与 Open GL 运算。传统的三维和合成流程，还需要考虑摄像机和灯光的迁移问题，而使用 Element 3D 插件就可以直接在 AE 中完成所有的操作，在软件内部切换使用，十分方便。

下面介绍 Element 3D 三维插件的操作界面。首先建立一个纯色图层，命名为 3D，选择菜单命令"效果"→"Video Copilot"→"Element"，这时是没有任何效果的。

在效果控件面板中，单击 Scene Setup 按钮，打开 Element 3D 三维插件的操作界面。

Element 3D 三维插件是一个基于 AE 的三维软件，具有三维软件的大部分功能。选择菜单命令"File"→"Import"，可导入 3D Object 和 3D Sequence 两种类型的文件。

选择 3D Object 将导入三维模型，支持.c4d、.obj、.e3d 这三种文件类型。

选择 3D Sequence 将导入三维模型的序列文件。由于 AE 不支持存储在三维项目中的动画，所以要把在三维软件中做好的动画导入 AE 中，就需要使用三维模型的序列文件，相当于每帧动画生成一个.c4d 或.obj 文件，这样就可以在 Element 3D 三维插件中识别三维软件制作的动画了。它的缺点是，制作的模型不能太复杂，也不能修改模型本身和材质。

单击 CREATE ，创建一个圆柱体 ，在界面的中部依次是移动 、旋转 和缩放 功能。可以根据三维物体的 X（红）轴、Y（绿）轴、Z（蓝）轴来放置物体，也可以根据这三个轴对物体进行缩放或旋转。

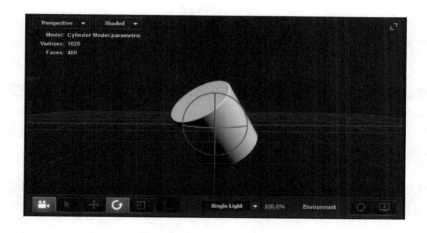

为了在合成时便于通过轴观察三维物体，可以在 AE 中建立摄像机。

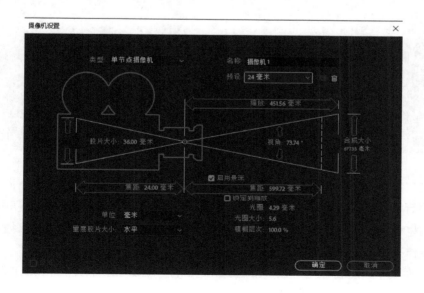

由于插件创建出的物体本身就是立体的，所以制作时并不需要打开三维图层开关。如果打开三维图层开关，切换为 4 个视图模式观察时，会发现这个三维物体变成了片状。

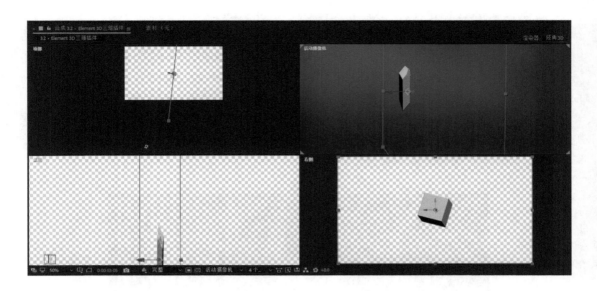

当多个物体同时旋转或围绕一个物体做动画时，也可以通过调整物体的坐标轴 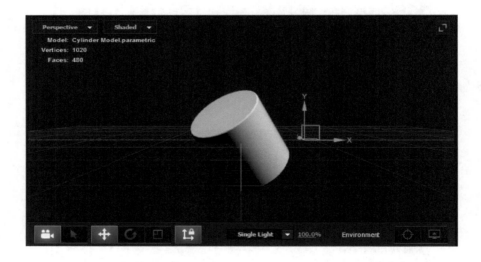 来达到环绕的效果。

由于在三维空间中需要对齐或摆放物体的前后关系，我们经常需要切换不同的视图来观察物体的前后关系，以及不同角度的相对位置。默认视图为 Perspective（透视图），为了方便观察我们也可以在预览视图中单击以旋转或移动视图，或使用鼠标的滚轮来缩放场景的大小，这些操作都不会影响物体的位置和大小。

在 Edit 面板中，对物体还可以调节 Height（高度）、Radius（半径）、Sides（平滑）等参数。不同的物体，可调节的参数也不同，可根据需求进行更改。

在 Scene 面板中，可以单击 🅇 图标，完成删除模型的操作。

创建一个方形，并在 Edit 面板中调节方块三个方向上的大小，也可以调整 Chamfer（倒角）的大小，其数值越高则越趋向于球形。还可以配合 Chamfer Segments（倒角分段），让倒角更圆滑或趋向于直边。在 Preview 面板中可以预览效果。

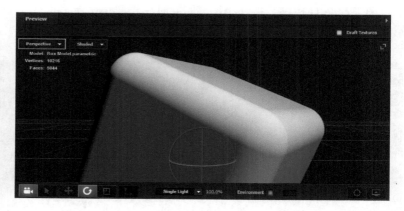

在 Transform 面板中，可以通过 Position XYZ 参数来控制物体在各方向上的位置。Scale 表示模型的大小。Orientation 表示三个角度的方向旋转。Flip 用于快速翻转模型。Anchor Point XYZ 用于改变物体的中心点（锚点），这在制作旋转动画效果时非常有用。根据 Anchor Point XYZ 的设置，就可以通过对齐方式让物体按锚点摆放，可以是底部对齐或顶部对齐等。

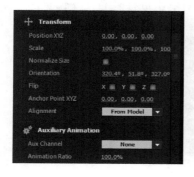

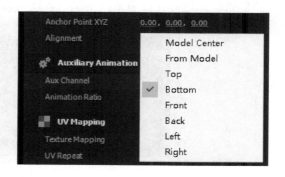

在插件中，依次创建圆柱体、方形、锥形，并通过选择 Scene 面板中的各个图层，就可以对不同的三维物体进行调节。

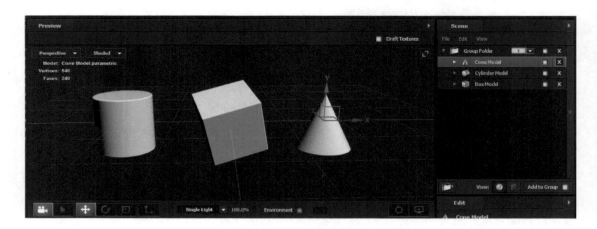

在 Scene 面板中，按住 Alt 键的同时单击物体图层后面的小方块，可以独显或隐藏其他物体。

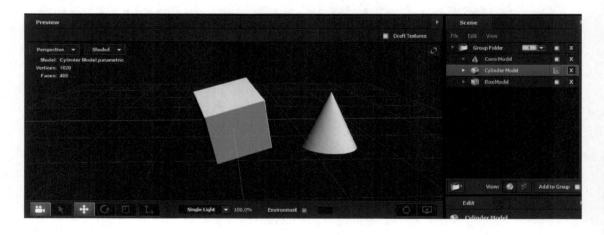

在 Scene 面板的群组文件夹中，可以选择模型所在的群组，也可以新建群组，把模型分配到不同的群组里。这样在模型多的情况下，就可以对群组进行隐藏，操作更加方便。

【实例】制作三维字幕。

　　首先新建一个纯色图层用于制作三维字幕，新建一个摄像机用于观察三维物体，新建一个文本图层用于输入文字。

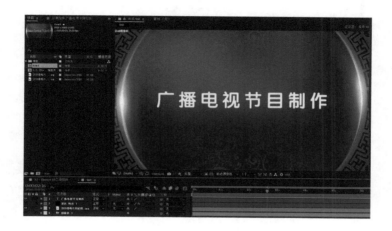

　　作为影响效果图层的源，我们可以关闭掉文本图层的显示功能。

　　选中纯色图层并添加插件，在自定义的图层路径里选择文本图层（这里也可以指定遮罩为源），这时并没有显示出效果。我们需要在插件中进行设置，单击 Scene Setup，进入插件操作界面，然后单击 EXTRUDE（挤出）按钮，就可以观察三维文字了。

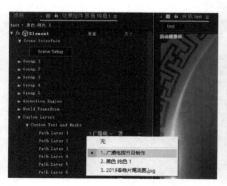

　　在 AE 中拖动文字进行旋转可以看到，效果还是很顺畅的。这时也可以修改文本图层中的文本，三维文字会跟随文本图层产生变化。

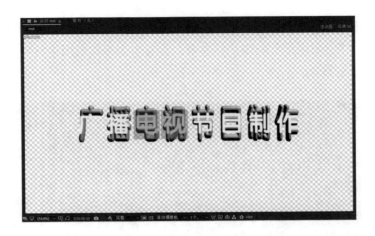

当有多个文本图层时，除了要在效果插件面板中指定图层路径，还需要逐个选中文本图层，然后单击 Scene Setup，进入插件操作界面，再单击 EXTRUDE 按钮指定 Custom Path（自定义路径）。

在效果控件面板中，只有图层路径和 Custom Path 同时设置成功后，才会显示多层的三维文字效果。

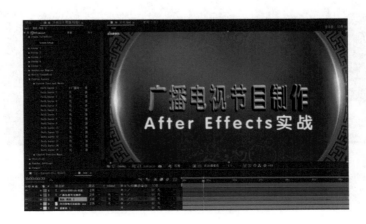

由于有多个文本图层，操作时不容易准确找到，可以右击 Extrusion Model 选择 Rename 来修改图层的名字（重命名时尽量使用英文名称，这样不容易出现乱码），以便区分各个图层。

通过给字体增加倒角，可使三维字幕的立体感更强。选中模型后，在 Edit 面板中将 Bevel Copies 设置为 3，就可给字体增加倒角。在 Scene Materials 中增加相应的材质球后，其在 Scene 面板中就会自动出现。

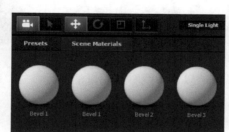

由于镜头是会转动的，所以字幕的正面和其他面都要制作倒角效果。在 Edit 面板中设置 Bevel Copies 为需要建立的倒角个数，如果前后都需要就选择 3，如果只正面需要就选择 2。

在 Bevel 中，可以设置倒角的参数。

Extrude 用于控制整个倒角图层的厚度。

Expand Edges 用于控制倒角的向外扩张。

Bevel Size 用于控制倒角倾斜的角度。

Bevel Depth 用于控制倒角向外突出或向内凹陷的程度。

Bevel Segments 用于控制倒角的精细度，其数值越高越圆滑，其数值为 0 时倒角为直线斜面。

Bevel Curve 用于控制倒角斜面向外凸起或向内凹陷的程度。

Z Offset 用于控制整个倒角的位置偏移。

Bevel Backside 用于控制斜面的背面，可以在一个图层中制作正反两面的倒角字幕。

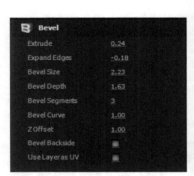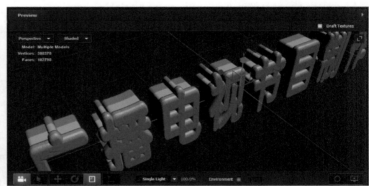

在 Bevel Outline 中，可以调节以字体线框为轮廓的倒角参数。Enable 可以启用控制边缘的开关。

Outline Width 可以控制以字体线作为倒角的粗细。

Inside Bevel 可以控制倒角的倾斜程度。Outside Bevel 可以控制倒角向外的扩展范围。

在完成倒角制作后，可以给模型增加材质。在 Scene 面板中选择模型的材质球 Bevel 1，并在 Edit 面板的 Basic Settings 中设置 Diffuse Color，给模型指定颜色。

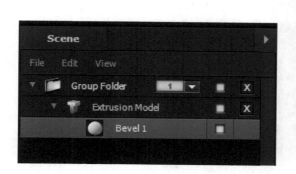

为了增加制作效率，我们也可以使用 Presets 面板中现成的材质，直接拖动材质到模型上，或者双击材质即可。

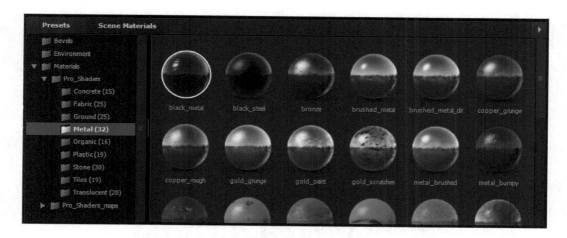

如果不想使用预设的材质，也可以在 Edit 面板中，使用 Textures 的 Diffuse 来指定需要的材质。贴图的命名最好使用英文或数字，以避免报错。

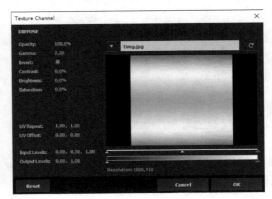

在 Texture Channel 面板中，可以调节贴图的 Opacity（透明度）、Gamma（曝光度）、Invert（反转）、Contrast（对比度）、Brightness（亮度）和 Saturation（饱和度）。

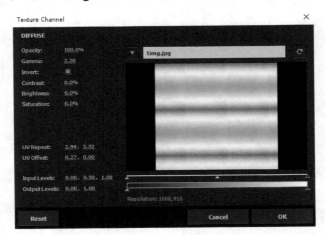

为了增加物体的三维质感，还可以通过 UV Repeat 和 UV Offset 来控制贴图的密度和位置，增加物体的凹凸效果。

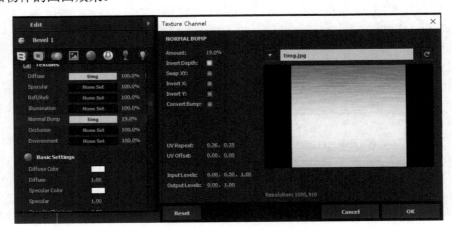

　　为了增加三维字幕的金属质感，我们还可以使用 Specular（镜面反射）贴图，让文字的高光更加明亮。

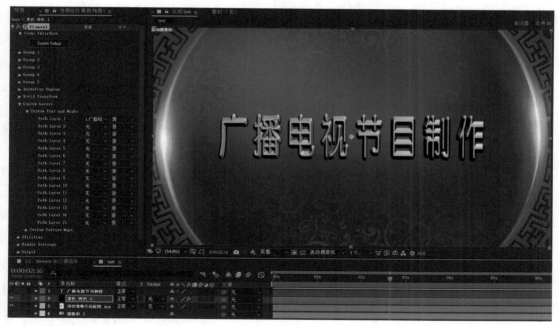

　　小结：Element 3D 插件能够让观众把注意力集中在字幕上，具有艺术化表现节目内容的效果。使用 AE 中的三维字幕功能，其制作速度快，并且修改也很方便。

　　Element 3D 插件弥补了 AE 作为合成软件在三维方面的缺陷，随着 Element 3D 插件的不断升级，可以直接使用 C4D 三维软件中的材质和贴图，快速建立一些简单的三维模型来丰富后期节目制作的内容。

8.2 Mir 三维图形插件

Mir 三维图形插件可以制作多边形网格，创建流动的表面和抽象的几何图形。它基于 Open GL 渲染与 3D 摄像机和灯光协同工作，还可以加载 OBJ 模型以实现更复杂的三维效果，例如，模拟出水面、隧道、山体、布料物体等多种效果。

Mir 三维图形插件的可调节参数十分丰富，包括 Geometry（几何体）、Repeater（中继器）、Fractal（分形）、Material & Lighting（材质和照明）、Texture（纹理）、Shader（着色器）、Visibility（可见性）和 Rendering（渲染）。

1. Geometry

Geometry 中包含了对物体进行控制的各种参数。

Position XY/Z 用于分别控制图形在 XY 平面和 Z 轴上的移动。

Rotate X/Y/Z 用于分别控制三个轴方向上的旋转。

Vertices X/Y 用于分别控制面片在 X 轴和 Y 轴方向上凸起的顶点，其数值越小则细节越

少，数值越大则褶皱的程度就越高。

Size X/Y 用于分别控制整个面片在 X 轴和 Y 轴方向上的大小。

X/Y Step 用于分别控制 X 轴和 Y 轴方向上面片的稀疏程度，其数值越大则面片越稀疏。

Bend X/Y 用于分别控制面片在 X 轴或 Y 轴方向上的弯曲程度，制作隧道效果时可以用到。

Reduce Geometry 可以设置为 Off、Auto、2x、4x、6x，越往后的设置，生成的几何图形的数量就越少。

Tessellate 用于设置镶嵌的形状，包括 Triangles（三角形）和 Quads（四边形）。

2. Repeater

Instances 用于增加扭曲图层的密度，并提高亮度。

R Opacity 用于控制叠加密度的透明度。

R Scale 用于控制叠加图层的大小，默认数值为 100，每增加 1 层，数值放大一倍。

R Rotate X/Y/Z 在增加实例的基础上，让每层分别在三个轴的方向上等比旋转。

R Translate X/Y/Z 在增加实例的基础上，分别调节每层的平移数值。

3. Fractal

Fractal Type 有 4 种，包括 Regular（规则）、Multi（多重）、SmoothRidge（平滑）和 Multi SmoothRidge（多重平滑）。

Amplitude 用于调节图层的扭曲程度。

Frequency 用于调节图层的凸起程度，其数值越高则越剧烈。

Evolution 用于控制图层的起伏，设置关键帧可以模拟水面的波动。

Offset X/Y/Z 可以让起伏分别按照三个轴的方向运动。

Scroll X/Y 可以让图层分别在 X 轴和 Y 轴的方向上进行卷动循环。

Complexity 可以为图层上褶皱出来的面增加复杂性。

Oct Scale 表示缩放。

Oct Mult 表示图层可分解为三角面。

Spiral 可以让图层以中心方式进行旋转扭曲。

FBend X/Y 用于在 X 轴、Y 轴方向上分别进行弯曲。

Smooth Normals 可以对褶皱进行平滑处理。

Amplitude Layer 可以设置图层对褶皱起伏的影响。

Seamless Loop 用于设置无缝循环：Loop Setup Helper 表示无缝循环帮助程序。Loop Evolution 表示循环演化，也可以在三个轴方向上循环。

Z Range 可以在 Z 轴方向上调节图层的位置，包括 Unlimited（无限）、Limit（限制）和 Compress（压缩）这 3 种模式。

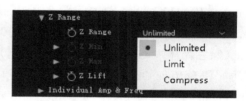

Individual Amp & Freq 可以调节单一轴方向的振幅和频率。

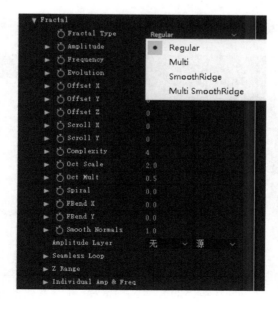

4．Material & Lighting

Color 可以给图层指定颜色。

Nudge Colors 可以在指定颜色的基础上不改变色调继续调整颜色的明暗。

Opacity 可以调节整个图层的透明度。

Ambient 可以控制图层对光的接受强度，其数值越高则高光越强。

Diffuse 表示漫反射。Diffuse Softness 表示漫反射的柔度。

Specular 表示镜面反射。Shininess 表示光泽。

Metal 表示金属。

Fresnel 表示扩散阻挡。

Diffuse Holdout 表示弥漫性阻挡。

Light Falloff 表示灯光衰减区，包括 None（无）、Smooth（平滑）、Distance Squared（距离）三种衰减方式。

Image Based Lighting 为基于图像照明的设置。Built-in Environment（室内环境）中提供了 Sunset Field（日落场）、Dark Industrial（黑暗工业区）、Church Interior（教堂内部）、Green Forest（绿色森林）、Graffiti Ruin（涂鸦废墟）、Bus Garage（公交车库）、Industrial Room（工业用房）和 Diffuse Only（仅扩散区）8 种预设效果；如果不使用，也可以选择 Off。Expose Environment 可以调节预设中的曝光度。Rotate Environment 可以 360°控制自然光的照射位置。Reflection Environment Map 可以为扭曲图层指定贴图。Reflection Strength 可以控制贴图的反射强度。Diffuse Environment Map 表示漫射环境的贴图。Diffuse Strength 用于控制漫射环境贴图对扭曲图层的影响。Reload Environment Every Frame 表示每帧重新加载环境。

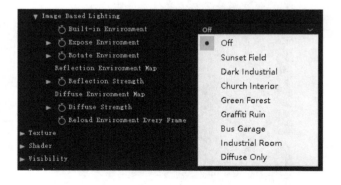

5．Texture

Texture Layer 可以将一个图层的内容作为扭曲图层的纹理。Texture Filter 包括 Nearest（接近）、Linear（线性）、Solid Face（实体面），其中 Linear 在点状化的基础上比 Nearest 更为细腻，而 Solid Face 可以把整个贴图面片化。Anisotropic 可以在 Linear 的基础上让画面更为细腻。Texture Coordinates 中的 Regular(X,Y)可以分别按照 X 轴和 Y 轴方向平铺贴图。Texture Scale X/Y 可以分别控制在 X 轴和 Y 轴方向的缩放。

6. Shader

Shader 包括 Density（密度）、Smooth（光滑）和 Flat（平整）。

Draw 包括 Fill（以面片的方式显示）、Wire Frame（以网格的方式显示）、Points（以点的方式显示）、Front Fill Back Wire（以前面填充背面导线的方式显示）、Front Fill Back Cull（以前面填充背面剔除的方式显示）、Front Wire Back Cull（以前面导线背面剔除的方式显示）。

当选择点或网格的方式显示时会激活相关选项。Line Size 可以调节网格的粗细。Point Size 可以调节点的大小。

Blend 分为 4 种融合模式，包括 Off、Normal、Add 和 Super Add，主要针对各个褶皱之间重合的部分进行叠加计算。

DepthBuf 可以通过计算去掉一些由于褶皱造成的面片重叠。

Density Affect 可以提高或降低图层的密度。Normal Affect 表示正常影响。Second Pass 可以在面片的基础之上增加网格效果。SP Line Size 可以控制网格线的粗细程度。SP Color 可以修改网格的颜色。

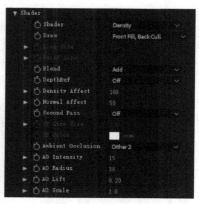

Ambient Occlusion 包括 Off、On、Dither 1、Dither 2 和 Dither 3，用于去掉图层表面的一些噪点，细节效果会依次递增，但占用的系统资源也会越高。

AO Intensity 表示亮度。AO Radius 表示半径。AO Lift 表示提升。AO Scale 表示缩放。

7. Visibility

Near 表示接近镜头地方的可见程度，其数值越大，距离镜头近的地方越不可见。

Far 表示远离镜头地方的可见程度，其数值越小，距离镜头远的地方越不可见。

Fog Start 用于控制雾气开始的位置。Fog End 用于控制雾气结束的位置。Fog Color 用于控制雾气的颜色。它们可以用于制作远山被雾气笼罩的效果。

8. Rendering

Multisample 用于设置最终渲染的精度，其数值越高，则精度越高，最高可设为 256。

在 Supersample 中可以直接选择最终渲染的精度，分别为 4x、9x、16x、25x，36x、49x 和 64x，但要根据所使用的计算机的性能进行选择，过高的设置会严重影响运行速度。

Render Mode 分为 Full Render（全部渲染）、Normals（只渲染法线）、Position（只渲染位置）、Depth（只渲染深度）、Depth Normalized（标准化深度）、AO（只渲染轮廓）。

在 Depth of Field 中，可以选择是否使用默认插件，或者使用摄像机的 Camera Settings。

【实例】液体流动效果。

建立一个纯色图层，选择 Mir 三维图形插件，为合成添加一个背景图层，设置 Size X 为 300，Size Y 为 1500，让面片变成一个长条形状，并为面片添加细节。Vertices X 设置为 200，Vertices Y 设置为 200。在弯曲属性中 Bend X 设置为-0.1，Bend Y 设置为 0.6，让面片形成一个漏斗状。

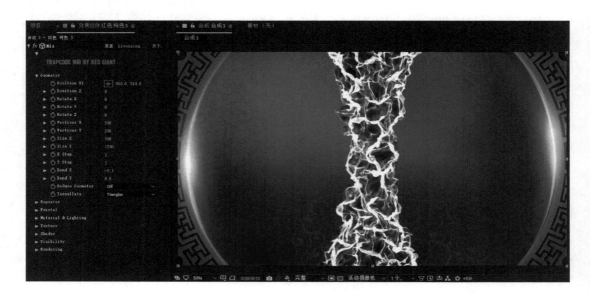

在 Shader 中，Shader 设置为 Flat，为图层添加灯光。设置颜色为白色，强度为 15%。复制一个灯光图层，两个灯光的摆放位置为左、右各一盏。

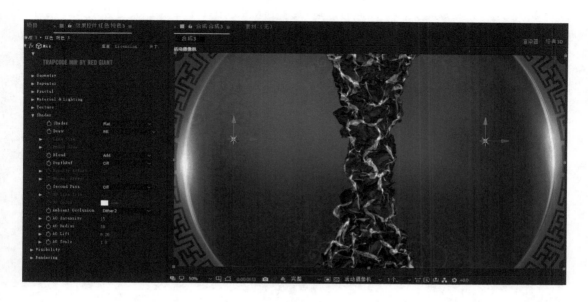

新建一个空对象图层，与液体图层绑定为父子关系，并调整液体图层的位置。

在 Material & Lighting 中，Opacity 设置为 20，Specular 设置为 2000。

在 Fractal 中，Fractal Type 设置为 Smooth Ridge，并调节 Amplitude 为 15，Frequency 设置为 400，这样效果就很柔和了。同时，可以为液体在 Offset Y 中添加关键帧动画，第 0 秒处设置为 300，第 8 秒设置为 0，可使其产生流动效果。另外，在 Evolution 中添加关键帧动画，第 0 秒处设置为 0，第 8 秒设置为 100。

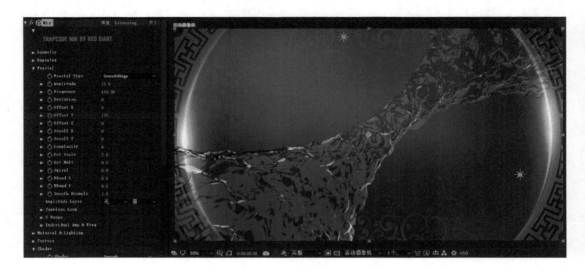

为了让液体有更多细节，可以再次增加 Y 轴方向上的顶点数，Vertices Y 设置为 500，为液体图层增加环境光，强度设置为 10。

在 Material & Lighting 中，Ambient 设置为 10，反射的 Color 设置为蓝色，Diffuse 设置为 70。还可以为液体图层增加曲线调色，通过拉伸对比度来增加明暗关系。

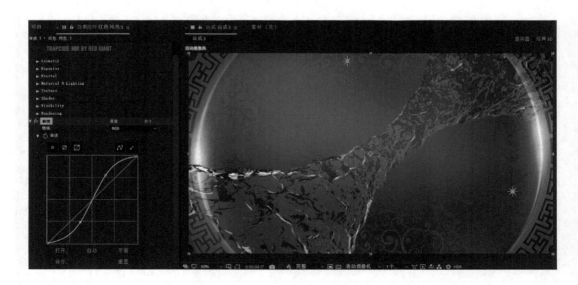

对液体添加渐变的背景效果。使用矩形填充工具并选择线性渐变，拖动手柄拉出从右下到左上的黑至浅灰的渐变。把形状图层放置在液体图层下用于观察。

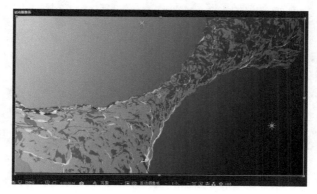

【实例】隧道效果。

建立一个纯色图层，选择 Mir 三维图形插件。在 Geometry 中，Size X 设置为 2000、Size Y 设置为 4000。Bend Y 设置为 0.2，Position Z 设置为 0。Rotate X 设置为 90，Position XY 设置为 950,180。

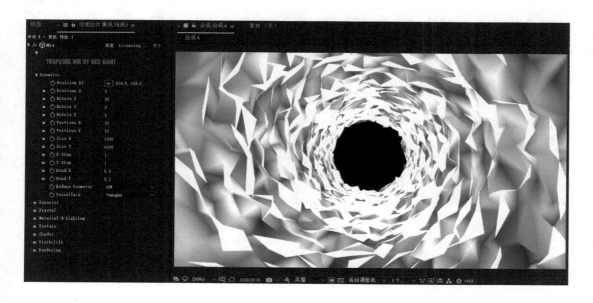

在 Shader 中，Draw 选择 Wire frame。

在 Fractal 中，Amplitude 设置为 25，Frequency 设置为 450。

回到 Geometry 中，设置 Vertices X/Y 均为 200。

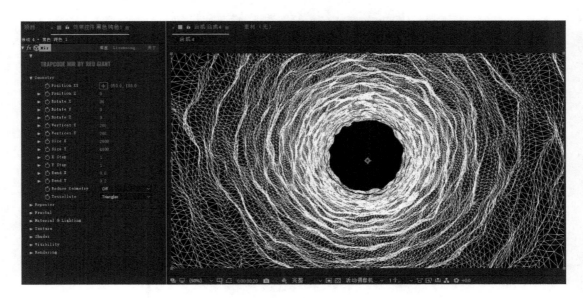

在 Material & Lighting 中，Color 设置为蓝色，Nudge Colors 设置为 10，Opacity 设置为 80，Ambient 设置为 95，Diffuse 设置为 80。

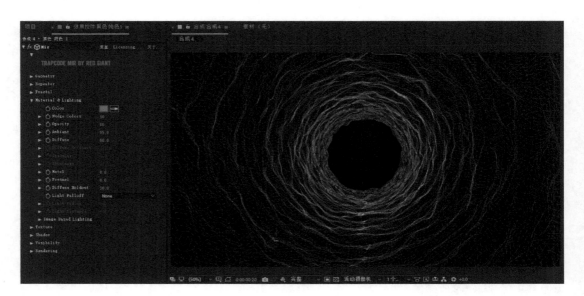

在 Visibility 中，Near 设置为 1，Fog Start 设置为 0，Fog End 设置为 10000，Fog Color 设置为黑色。

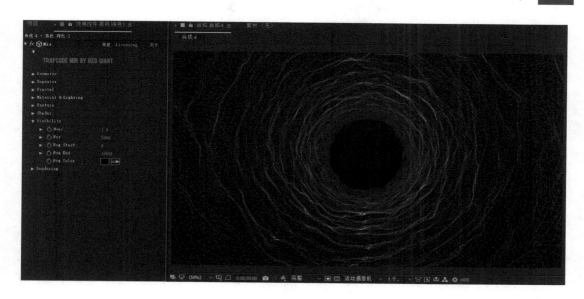

在 Fractal 中，为 Scroll Y（卷纸）在 Y 轴方向添加关键帧动画，第 0 秒设置为 1000，第 10 秒设置为 0，这样隧道就会产生向前运动的效果。

由于现在颜色比较暗，因此调节 Material & Lighting 中的 Nudge Colors 为 110。

现在隧道的四壁没有动画效果，有些死板，在 Offset Y 中设置第 0～10 秒的关键帧，这样隧道在向外运动的同时，还可以自行运动。

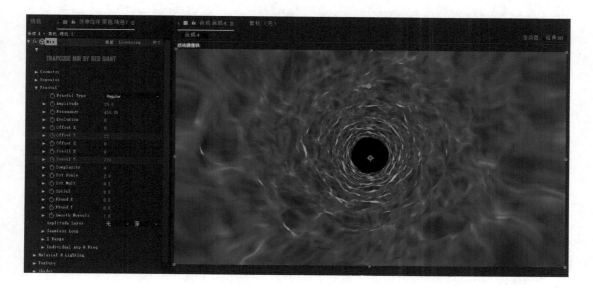

小结：Mir 三维图形插件可以为三维物体添加变形、分散等效果，制作出三角面波动背景、旗帜飘动、星云结构等。在节目制作中，该插件能够独立完成特效镜头的创建，制作出想象中的空间环境，而且可调节参数较多，效果可选性比较强。其不足之处就是对计算机的性能要求比较高。

第 9 章　效 果 插 件

9.1　Heat Distortion 热浪扭曲插件

在 AE 中使用 Heat Distortion 热浪扭曲插件，能够快速模拟出热浪的随机动画和物体燃烧产生的失真效果，能够调节噪波、模糊、扭曲、形态等参数，还支持 Mask 操作。

首先导入一张火焰的图片，给火焰图层添加 Heat Distortion 热浪扭曲插件。这个插件使用默认参数就会产生不错的效果。下面依次调节各个参数，可以让效果更加突出。

1．噪波模式

Noise Pattern 有三种噪波模式，包括 Fire（火）、Smoke（烟）和 Incendiary（燃烧）。可以根据三种模式的特点组合出不同的形态，如 Smoke 和 Fire 这两个组合可以产生抖动的效果，Incendiary 可以比前两者处理更多细节。

2．火焰扭曲

Distortion Amount 用于控制火焰扭曲的程度，其数值越高则变形越复杂。

3．模糊热效应

Heat Amount 用于控制上升空气模糊热效应的效果，其数值越高则模糊斑块越多。

Heat Bias 可以结合数值产生混合效果，其数值越低则模糊热效应的效果越明显，当数值为 1 时该效果消失。

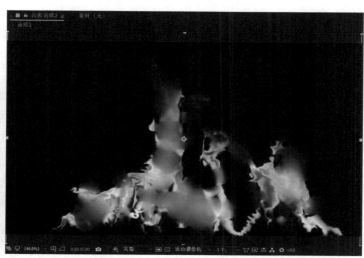

4．火焰变形与摆动

Noise Scale 用于控制扭曲的细节，其数值越小则火焰变形越剧烈，数值越大则越趋向于全屏的扭曲，适合制作字幕在火焰环境下配合大范围摆动的效果，也可以模拟水下波动的效果。由于火焰高温的失真效果往往局限于画面的某个部位，当需要进行局部表现例如，喷火口时，可以使用 Mask（遮罩）来控制效果影响的范围，并通过羽化选区的周围来达到和原始画面的融合。

Noise Speed 用于控制火焰的摆动速度，其数值越高则燃烧越剧烈。

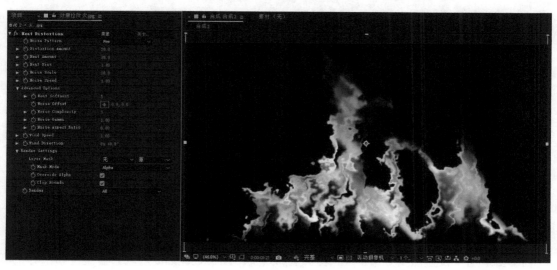

5．附加选项

在 Advanced Options 中，Heat Softness 用于调节火
焰的柔软程度。Noise Offset 用于控制火焰飘动的方向。
Noise Complexity 用于为火焰增加细节，其数值越高则
细节越多。Noise Gamma 可以根据高光进行模糊偏移，其数值最小或最大时都会被模糊覆盖。
Noise Aspect Ratio 用于控制横向和纵向噪波的复杂程度。

6．风力

Wind Speed 可以根据风力的大小调节火焰的摆动速度，其数值越大则摆动越剧烈。

Wind Direction 可以根据风力的方向调节火焰的角度，例如，跟随喷射器的移动而改变
方向，用于表现能量的摆动。

7．渲染设置

在 Render Settings 中进行渲染设置。Layer Mask 用于选择需要使用的遮罩图层，在"源"
设置中可以单独选择"蒙版"。

Mask Mode 可以选择蒙版类型，包括 Alpha（Alpha 通道）、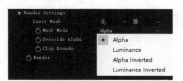
Luminance（亮度通道）、Alpha Inverted（通道反转）和 Luminance
Inverted（亮度通道反转）。

Override Alpha 和 Clip Bounds 都用于对效果图层边缘进行
补充。它们可以修复图层边缘的很多不规则范围。当然如果图层本身是带有透明通道的，则
不需要进行修复。

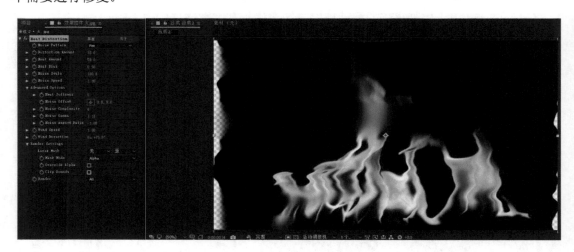

8．渲染效果

Render 用于设置渲染效果。All 表示全部效果。Displacement 可以只渲染位移部分，不

会有燃烧失真的效果。Heat 只保留了燃烧失真的模糊效果，去掉了火焰的扭曲。Noise Pattern 只渲染产生扭曲的噪波原始图像。

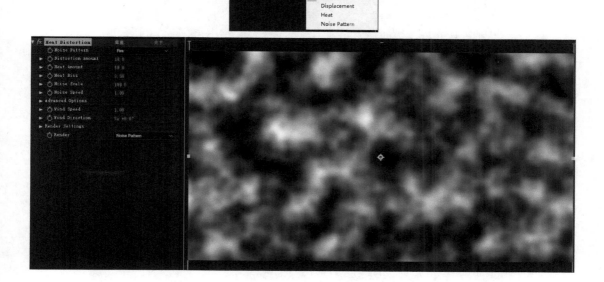

【实例】镜头转场。

在电视节目制作中，Heat Distortion 热浪扭曲插件不光能完成火焰效果的动态化，还可以作为两个镜头之间的转场方式。首先在两个图层中分别导入两幅梵高的油画图，为两个图层（梵高 1 和梵高 2）增加 Heat Distortion 热浪扭曲插件，在下层的梵高 2 中设置 Distortion Amount 关键帧，该值在第 1s 处为 0，第 2s 处为 75。

由于 Heat Amount 会产生画面的随机模糊值，所以将这个参数设为 10。

然后在上层的梵高 1 中设置 Distortion Amount 关键帧，第为 1s 处为 75，第 2s 处为 0。Heat Amount 设置为 10，再为该图层增加一个不透明度关键帧，该值在第 1s 处为 0，第 2s 处为 100。

最终的效果是，第一幅油画融化后变为第二幅油画。它与叠化效果的区别在于，增加了融化的效果，使镜头在转场时会更加有趣。

小结：Heat Distortion 热浪扭曲插件主要用于制作高温效果或字幕的附加效果，可以让一幅静止图像产生动态的视频效果，也可以对镜头效果起到辅助作用，如喷气式飞机、火山口、燃气灶等。该插件可以为镜头添加高温产生的空气扭曲效果。该插件被大量应用于电影、电视的特效中，可快速为镜头增加效果。

9.2 Twitch 信号干扰插件

Twitch 信号干扰插件提供了多种模拟信号干扰产生的抖动效果，例如，画面的随机模糊和抖动，画面位置/大小和色调/亮度的随机变化，以及模拟旧电影效果。

它可以对视频进行从清晰到模糊的变化处理。在颜色方面，可以任意选择颜色进行编辑。在曝光方面，可以让画面产生夸张的明暗变化，以烘托快节奏的氛围。在镜头缩放方面，可以让镜头比例失调，扩大冲击的表现效果。在任意方向上都可以制作出镜头突然抖动并拉出纵向模糊的效果。在时间线上，用于控制画面前后错位产生的快慢变化效果。

Amounte 用于控制扰乱的程度，其数值低时对画面的影响会较小。

speed 用于控制扰乱的频率。

Enable 用于产生随机的动画效果，包括 Blur、Color、Light、Scale、Slide 和 Time，可以将多种动画效果组合使用。

1．操作控制

针对不同的动画效果，有不同的操作控制参数。

（1）模糊

Enable 中勾选 Blur 后，Operator Controls 中的 Blur 就会随之激活，可以调整模糊的细节参数。Blur Amount 用于控制模糊的大小。Blur Twitches 用于控制每秒的模糊抖动次数，其数值为 0 时没有模糊效果。Blur Tint 用于控制模糊的透明度，白色为透明，黑色为不透明，选择其他颜色可以为整个画面添加模糊并着色。Blur Holdout 用于控制画面高光部分的模糊，其数值越小则模糊的效果越明显，其数值为 0 时没有模糊效果，其数值越大则模糊的效果越扩散。Blur Holdout Sharpness 用于控制边缘的模糊程度。Blur Boost 用于控制画面高光的曝光程度，随着模糊的加深，曝光越强，效果就越明显，可以应用于转场镜头的曝光效果，其数值为 100 时为正常的曝光。Blur Opacity 用于控制模糊的透明程度，其数值为 0 时没有模糊效果。

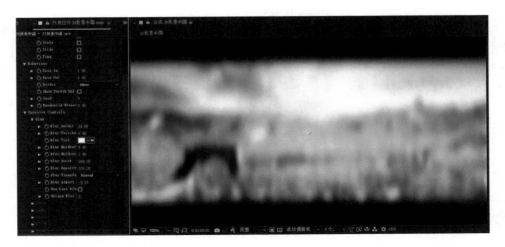

Blur Transfer Mode 用于设置模糊叠加模式，包括 None（无）、Normal（正常）、Screen（屏幕）、Add（叠加）、Multiply（相乘）和 Overlay（覆盖）。

Blur Aspect 用于控制模糊的方向，为-1 时表示纵向模糊，为+1 时表示横向模糊，为 0 时表示没有方向，全屏模糊。

勾选 Use Lens Blur（镜头模糊）复选框后可以使摄像机的运动方式模糊。

Unique Blur Seed（模糊种子）可以使用随机的模糊方式，制作出不同的模糊节奏。

（2）颜色

Enable 中勾选 Color 后，Operator Controls 中的 Color 随之激活，可以控制抖动时对画面颜色的影响。Color Amount 用于控制所选择颜色对画面的影响程度，其数值越大则原始画面的颜色越接近所选颜色。Color Twitches 用于控制原始颜色和着色后的颜色间反复切换的频率，其数值越高则频率越快。Colorize 可以通过吸管工具或直接在色板中选择颜色。Color Randomize 表示将使用的颜色随机进行切换，其数值越高则颜色的影响越大。Unique Color Seed 可以产生独特的变化。

（3）曝光

Enable 勾选 Light 后，Operator Controls 中的 Light 随之激活，用于控制抖动时对画面曝光的影响。Light Amount 用于控制曝光的强度。Light Twitches 表示闪烁的频率，其数值越高则画面曝光的次数越高。Light Behaviour 用于选择曝光行为，包括 Brighter、Darker 和 Both。Unique Light Seed 可以产生独特的曝光效果。

（4）比例

Enable 勾选 Scale 后，Operator Controls 中的 Scale 随之激活，用于控制抖动时对画面缩放比例的影响。Scale Amount 用于控制画面缩放比例的数值，其数值越大则画面放大得越大。Scale Twitches 用于控制画面缩放的频率，其数值越高则缩放越频繁。Scale Origin 用于指定画面缩放的中心点。Scale Origin Randomize 用于微调原点在运动时的偏移大小。Scale Motion Blur 可以在缩放的同时为画面添加运动模糊的径向效果。Unique Scale Seed 可以产生随机的缩放效果。

（5）滑动

Enable 勾选 Slide 后，Operator Controls 中的 Slide 随之激活，用于控制抖动时对画面任意角度滑动的影响。Slide Amount 用于控制画面的拉伸程度。Slide Twitches 用于控制滑动持续的时间。Slide Direction 用于调节滑动的方向和圈数，为其添加关键帧，可以让画面具有旋转并拉伸的效果。Slide Spread 用于在 90°的范围内调整滑动的方向。Slide Tendency 用于调整画面是向上拉伸还是向下拉伸。Slide REG Split 可以在调整画面拉伸的同时，增加类似负片拖尾的效果。Slide Motion Blur 可以模糊拉伸效果。Unique Slide Seed 可以产生随机的拉伸变化。

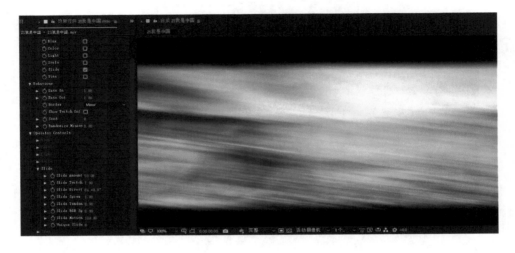

（6）时间线

Enable 勾选 Time 后，Operator Controls 中的 Time 随之激活，用于控制抖动时对画面时间线的影响。Time Amount 表示时间线的偏移，其数值越大则抖动的时间线偏移越剧烈。Time Twitches 用于控制错开镜头的切换频率，其数值越高则频率越快。Time Direction 可以选择：Both，表示重复镜头有两个；Forword Only，前一个；Backword Only，后一个。Unique Time Seed 能够产生镜头的随机抖动效果。

2. 行为

Behaviour 有 6 种抖动效果的显示方式。Ease In 和 Ease Out 可以调节 6 种抖动效果在入点和出点处的程度，达到缓进缓出的柔和效果。

Border 有 4 种边框效果，包括 Mirror（镜像）、Tile（平铺）、Ignore（忽略）、Expand（展开），主要针对画面的边缘进行不同的处理。

勾选 Show Twitch Only 复选框，画面中没有添加抖动效果的部分就会变为透明，可以在下面的图层再增加其他的镜头，可用于镜头间的切换。

Seed 是一个随机的抖动效果。

Randomize Minimum 用于调整随机种子的强弱程度，其数值越大则随机效果影响越弱，其数值为 0 时随机效果最强，可一直作用于画面上。

【实例】字幕抖动效果。

首先导入一个带通道的字幕和一个背景图层，添加 Twitch 信号干扰插件。

Enable 中勾选 Slide。Slide Amount 设为 100，以增加滑动的效果。Slide Direction 设为 135，让字幕以垂直的方式入画。Slide Spread 设为 0.08，让字幕的偏移位置在屏幕范围内。Slide REG Split 设为 30，以增加字幕的 RGB 通道中红色的抖动效果。

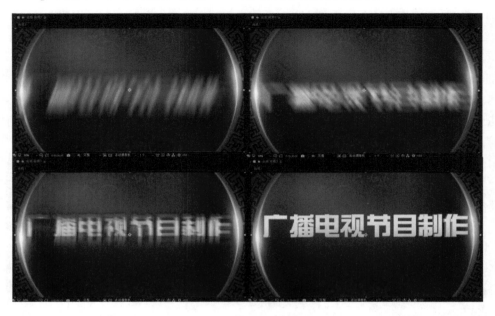

小结：Twitch 信号干扰插件可以给画面添加各种抖动效果，适用于快节奏的画面切换，也可以模拟出很多信号干扰的视觉效果。它的参数调节比较简单，可以应用于 MV 的效果制作，以及特定条件下对画面的干扰效果等。

9.3 Looks 调色插件

AE 中的 Looks 插件是调色工作的好帮手。该插件界面的中间为镜头显示窗口，用于观察素材效果；Zoom 用于控制画面的缩放，来查看素材细节；RGB 显示的是鼠标位置颜色的信息。

在镜头显示窗口下方是 5 个调色操作台，包括 Subject（主题）、Matte（滤镜）、Lens（镜头）、Camera（相机）和 Post（后期效果）。在这里可以放置使用的效果。

把鼠标指针移动到右下方的 TOOLS 上，会弹出 TOOLS 工具面板，单击下方的图标就会弹出相应的效果。要选择某个效果，双击图标就会将其添加到对应的操作台中。

在操作台中选中某个效果，就会弹出其对应的 CONTROLS（控制）面板，可以在其中使用工具或参数来控制最终的效果。由于不能输入数值，所有的调节都采用鼠标操作的方法：选中后按住左键上下拖动为微调，左右拖动为大幅度调节。单击 ⟳ 按钮可以恢复所有参数为默认值。

在镜头显示窗口中，勾选 Skin Overlay 复选框可以观察所调节的区域范围。

单击 LOOKS 上方的 ▶ 按钮，插件提供了很多的预设调色方案，简化了调色的难度。挑选喜欢的颜色风格后，我们只需单击即可将其添加到操作台中，还可以对已有的预设调色方案进行细微的修改。

SCOPES（范围）面板就是示波器，它集成了 5 种观察模式，分别是 RGB Parade（红绿蓝值）、Slice Graph（横截面图）、Hue/Saturation（色调/饱和度）、Hue/Lightness（色调/亮度）和 Memory Colors（内存颜色），可以帮助我们直观地掌握要调节画面或已调节画面的色彩信息，从而对色彩做出正确的判断。

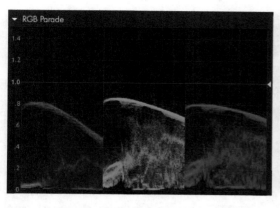
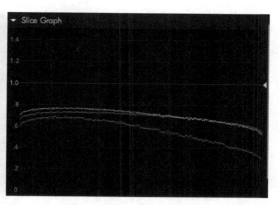

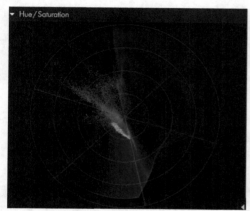
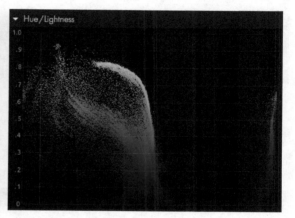

1. Subject

在 Subject 操作台中有 16 种效果。

① Exposure：控制画面的曝光强度，作用于整个画面。

② Spot Exposure：以圆形方式向周围渐变过渡曝光，拖动圆形的边用于控制曝光的半径，也可以通过右侧的参数进行调节。其中，Color Balance 可控制曝光中心的颜色。

③ Grad Exposure：可以通过拖动两个节点控制直线的方式，来调节曝光的范围和强度，其中一个节点为完全不曝光，另一个节点为完全曝光。其中，Color Balance 用于选择完全曝光节点的颜色。

④ Contrast：可以调节画面的对比度。

⑤ Color Contrast：可以产生所选颜色的反色，从而在调节高光部分颜色的同时形成反色。

⑥ Warm/Cool：可以使用鼠标对有色方向色谱中的颜色进行选择，画面会按所选颜色进行着色。

⑦ Hue/Saturation：可以按照钟表的方式调节色调，从 180°至-180°，饱和度可以从 0%到 999.9%，其操作比较方便。

⑧ Colorista：可以通过 3-Way Color（三路色彩校正）方式来调节画面中的 Highlights、Midtones 和 Shadows。HSL 色调可以单独调节某一种颜色，例如，要把画面中楼房的红色抽离出来，就可以使用这种方式。Curves 为曲线方式，可以直接拉动曲线来调节画面的明暗程度和 RGB 中的颜色。

⑨ 4-Way Color：除了 Highlights、Midtones 和 Shadows，还提供一种 Master（通道）方式，可以利用通道单独调节画面的某部分颜色。Ranges 可以通过曲线的方式来调整画面的明暗。

⑩ Curves：可以通过 RGB 曲线对整体画面中的所有颜色进行大范围的调节，也可以在独立的 Red、Green、Blue 曲线中，对某种颜色进行单独调节。

⑪ Fill Light：可以提亮画面的阴影部分，Fill 用于控制提亮的强度，Light Color 用于调节提亮部分的着色。

⑫ Spot Fill：可以在画面上添加一个点范围的可调节控制区域，可以使用鼠标拖动方式或通过参数调节。

⑬ Shadows/Highlights：可以分别调节画面中的阴影和高光部分。

⑭ Pop：在人物的调节方面，可以让人物的五官棱角更分明。其根据具体的画面情况进行调节，如果锐化效果过高就会使画面产生噪点。当 Pop 设置为负值时，会有磨皮的效果，去除脸部的一些微小的细节，让脸部更为美白。

⑮ Chromatic Aberration：利用 Red/Cyan（红色/青色）、Green/Magenta（绿色/洋红）、Blue/Yellow（蓝色/黄色）这几种颜色的色差可以制作出色彩边缘分离的效果。

⑯ LUT：是一种很方便的调色方式。在 LUT 列表中，可以选择预设的效果，也可以通过 Choose a LUT 下载网上的 LUT 使用。网上的 LUT 分为 3 类，包括色彩创意类 LUT、色域转换类 LUT 和颜色管理类 LUT。

2. Matte

在 Matte 操作台中有 5 种效果，包括 Exposure（曝光）、Color Filter（滤镜）、Gradient

（渐变）、Diffusion（柔光）和 Star Filter（星形滤镜）。

① Exposure：曝光强度，同前。

② Color Filter：可以通过色相来调节画面的偏色风格。
Exposure Compensation 为曝光补偿，可以调节偏色效果的强度。

③ Gradient：可以通过两点控制渐变的方向和色彩过渡的距离，并且通过色轮来选择渐变的颜色，以突出整个画面中颜色区域的对比效果。

④ Diffusion：Size 用于调节柔光的发射大小。Grade 用于调节柔光的强度。Glow 用于在柔光的基础上增加发光效果。Highlights 用于调节柔光的效果区域，设置为 0 时可影响整个画面，设置为 100 时只影响高光部分。Highlight Bias 用于调节偏移柔光。Exposure Compensation 用于调节曝光补偿。可以从 Color 的色轮中选择柔光的颜色，并进行着色。

⑤ Star Filter：可以给画面的高光部分添加星形光效（星光）。Size 用于调节星形的大小。Boost 用于调节星形的高光强度。Threshold 用于调节星形覆盖的范围。Show Threshold 用于调节阈值，并从黑白通道中观察星形所影响的范围，其中，白色代表受到星形影响，黑色部分代表不受影响。Threshold Softness 可以让星光不那么尖锐。Angle 用于控制星光的角度。可以从 Color 的色轮中选择星光的颜色。

3. Lens

在 Lens 操作台中有 8 种效果，包括 Exposure（曝光）、Lens Vignette（透镜渐晕）、Lens Distortion（镜头失真）、Chromatic Aberration（色差）、Edge Softness（边缘柔化）、Swing-Tilt（摆动倾斜）、Haze/Flare（雾/耀斑）和 Anamorphic Flare（变形耀斑）。

① Exposure：略。

② Lens Vignette：可以给镜头四边添加压暗的效果，通过中间的圆圈来控制范围的大小、位置和形状。Vignette 用于控制范围的大小。Center X、Center Y 用于控制范围的位置。Highlights 用于控制高光区域的程度。Aspect 用于控制范围的横向大小。

③ Lens Distortion：可以为镜头增加张力，制作出鱼眼镜头的效果。通过控制主影响区域和渐变区域的修改范围，来对镜头所选位置进行区域的放大处理。Distortion 用于控制主体实线内变形的程度。Flatten 用于控制虚线扩张的范围。

④ Chromatic Aberration：利用 Red/Cyan（红色/青色）、Green/Magenta（绿色/洋红）、Blue/Yellow（蓝色/黄色）的色差可以制作出色彩边缘分离的效果。

⑤ Edge Softness：通过控制虚线和实线来调节镜头中的模糊范围。Blur Size 用于控制模糊的大小。Quality 用于控制模糊的精度，就是模糊与清晰的交界，其数值越大则过渡范围越大，数值越小则过渡范围越小。Center X 和 Center Y 用于控制模糊的中心点。Radius 用于控制模糊的半径，就是外围的实线范围。Aspect 用于控制模糊范围的宽高比例。Spread 用于控制清晰区域的大小，就是内侧的虚线范围。

⑥ Swing-Tilt：初始状态是一个十字形的模糊效果，可以通过拖动两端的点来控制模糊的方向。Blur Size 用于控制模糊的大小。Quality 用于控制模糊的质量，就是交界处的过渡大

小。X1、Y1、X2、Y2 分别用于控制模糊的（两条线上下左右）位置。Center 用于控制两条
线交叉点的位置。

⑦ Haze/Flare：可以达到补光的效果，或者模拟雾或光晕。Spillage 表示补光的程度。
Softness 表示补光的模糊效果。Reach 表示整体的分离程度。Exposure 表示补光的强度。
Reflection Exposure 表示补光的反射。Reflection 表示反射的开关。Matte Box Size 表示调整效
果的覆盖面积。Matte Box Shade 表示调整阴影的大小。Tint Color 色轮可以选择补光的颜色。

⑧ Anamorphic Flare：设置用于镜头的反射光线，如车灯、路灯等。Size 用于调节效果
的大小。Boost 用于调节效果的强度。Threshold 用于调节光的范围。勾选 Show Threshold 复

选框可同时以黑白方式显示，这样能直观地看到效果范围。Threshold Softness 用于柔化耀斑效果。Reflection 表示反射耀斑的开关。Reflection Boost 用于调节反射耀斑的强度。

4．Camera

在 Camera 操作台中有 13 种效果，包括 Exposure、Warm/Cool、Renoiser（锐化）、Neg Bleach Bypass（漂白）、Film Negative（底片）、Contrast、Color Contrast、Black & White（黑和白）、2-Strip Process（红青滤镜）、Shutter Streak（快门条纹）、LUT、Curves 和 Shoulder（修复），与前面效果相同的部分将不再解释。

① Renoiser：对画面进行锐化，并进行去除颜色颗粒的调整。Sharpen 表示锐化。Sharpen Edges Only 表示锐化边缘。Grain Amount 表示颗粒数量。Size 表示颗粒大小。Texture 表示纹理。Log Grain 表示日志颗粒。Monochrome 表示单色。Red Amount 表示红色颗粒数量。Green Amount 表示绿色颗粒数量。Blue Amount 表示蓝色颗粒数量。Red Size 表示红色颗粒大小。Green Size 表示绿色颗粒大小。Blue Size 表示蓝色颗粒大小。Highlight 表示高光。Midtone 表示中间调。Shadow 表示阴影。

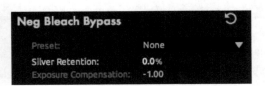

② **Neg Bleach Bypass**：保留灰色，其中 Silver Retention 的数值越高则灰度越大。Exposure Compensation 为曝光补偿，曝光强度越高则灰度值越大。

③ **Film Negative**：可以选择不同的底片效果，并可在其基础上进行细节调整。

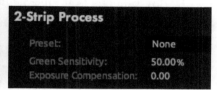

④ **Black&White**：使画面达到黑白效果，并通过色轮调节黑白的明暗程度。

⑤ **2-Strip Process**：根据素材的不同，可增加画面中绿色或红色的主体基调。画面中红色多时，红色会覆盖大部分颜色，绿色多时，绿色会覆盖大部分颜色。Green Sensitivity 用于控制绿色在画面中的强度。Exposure Compensation 用于控制画面中的曝光程度。

⑥ **Shutter Streak**：能够模拟出纵向的光线。Size 用于控制光线的大小。Boost 用于控制光线的强度。Falloff 用于控制光线的柔和程度。

⑦ Shoulder：针对过度曝光的画面，可以起到一定的修复作用。Rolloff Start 用于控制修复的程度，其数值越小则效果越好。Brightest Value 可以降低最亮值。Strength 表示强度，用于控制呈现的程度。

5. Post

在 Post 操作台中有 22 种效果，包括 Exposure、Warm/Cool、Renoiser、PrintBleachBypass、FilmPrint、Contrast、Color Contrast、Spot Exposure、Grad Exposure、Chromatic Aberration、Colorista、4-Way Color、Hue/Saturation、HSL Colors（色调替换）、Duotone（双色调）、Pop、Telecine Net（影视效果）、Mojo Ⅱ（魔力调色）、LUT、Curves、S Curve 和 Shoulder，与前面重复的部分将不再解释。

① HSL Colors：拖动 Hue/Saturation 色轮，调节颜色饱和度。拖动 Hue/Lightness 色轮，可以调节画面中的明暗关系。下面 Hue、Saturation 和 Lightness 对应的数值也可以拖动微调。

② Duotone：控制画面中高光部分和阴影部分的颜色。Highlight Tint 用于控制高光部分的颜色饱和度。Shadow Tint 用于控制阴影部分的颜色饱和度。Balance 可以使高光部分和阴影部分的饱和度保持平衡。

③ Telecine Net：类似于喷枪效果。Size 用于控制效果面积。Strength 用于控制效果强度。Exposure Compensation 用于曝光补偿。

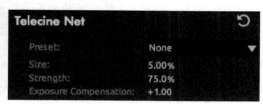

④ Mojo II：根据画面颜色自动调整颜色对比度。Mojo 用于控制效果的程度。Tint 用于控制去色的程度。Punch 用于控制暗部的深度。Bleach 用于控制褪色的程度。Fade 用于控制整体画面的灰度。Blue Squeeze 用于控制蓝色的挤压程度。Skin Squeeze 用于控制红色的挤压程度。Exposure 用于控制曝光。Cool/Warm 用于控制冷/暖色。Green/Magenta 用于控制绿色/洋红色。Skin Yellow/Pink 用于控制皮肤的黄色/粉色。Strength 用于控制画面整体效果的强度。

⑤ S Curve：在曲线调色的基础上增加了一个手柄，用来控制颜色的曲线。Black Point

用于控制黑色的顶点。White Point 用于控制白色的顶点。Contrast 用于控制手柄的旋转，可调节画面的对比度。Midpoint 用于手柄 X 轴方向的控制。Brightness 用于手柄 Y 轴方向的控制，可以调节画面的亮度。

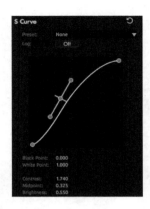

　　小结：Looks 作为优秀的调色插件在节目制作中应用得非常广泛。它能够完成绝大部分的调色工作，其自带的上百种预设调色方案，可以节省大量的调色时间。通过分析预设组合功能的使用，还可以快速提高调色的能力。

9.4　Psunami 海洋效果插件

　　Psunami 海洋效果插件通过摄像机动画可以模拟出在海平面飞翔，以及在大海中遨游的效果。通过光线追踪技术可以逼真地模拟出水面反射、太阳光照和翻滚浪花等效果。

　　Psunami 海洋效果插件有 12 个可调节参数组，分别是 Presets（预设）、Render Options（渲染选项）、Image Map 1/2/3（图像映射 1/2/3）、Camera（摄像机设置）、Air Optics（大气光学）、Ocean Optics（海水光学）、Primary Waves（基本波浪）、Light 1/2（灯光参数 1/2）、Swells（涌浪）。在 Psunami 海洋效果插件中，1 像素等于 1 米，所以需要根据使用的设备来设置具体的参数。

1. Presets

　　Presets 自带了大量的预设能够快速模拟水的动画效果，可以根据小区选择相应的预设，并在其基础上做细节的修改即可。它提供 12 种不同的效果，包括 Atmospheric（大气）、Bright Day（晴天）、Depth Levels（深度等级）、Grayscale Levels（灰度级别）、Landscapes（风光）、Luminance（亮度）、Night（夜晚）、Stormy Seas（海上风暴）、Sunrise-Sunset（日出日落）、Time of Day' (Lights)（一天的时间）、Underwater（水中）和 Weird（日月光效）。

　　① Atmospheric：可以模拟出海平面彩虹等效果，包括 Atomica Borealis（北方的 Atomica）、Aurora Borealis（北极光）、Moon Smoke（月亮烟雾）、Rainbow Basic（基本彩虹）、Rainbow Haze（彩虹雾）、Solarized Bow（太阳彩虹）、Under the Rainbow、Under The Rainbow II（彩虹）。

② Bright Day：用于模拟海平面和阳光，包括 Apollo Moon（阿波罗和月亮）、Sunny Sunday（晴朗的星期天）、Up On High（在高处）。

③ Depth Levels：可以通过黑白颜色为摄像机提供深度数据，以达到前实后虚的效果，包括 100-10、10-100、10-200 和 200-10。

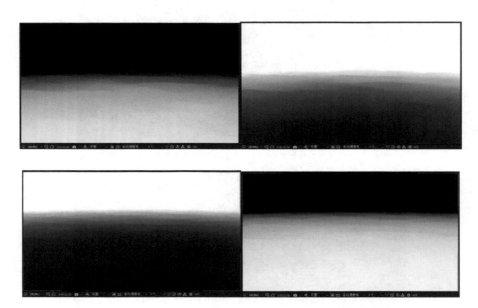

④ Grayscale Levels：用于控制海浪的幅度程度，包括 minus 01 to 01、minus 02 to 02、minus 03 to 03、minus 04 to 04、minus 05 to 05、minus 10 to 10。由于都是噪波深浅图像，就不再进行展示了。

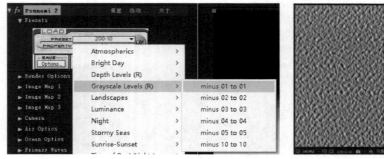
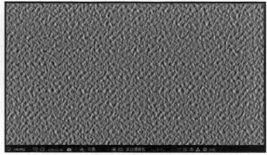

⑤ Landscapes：可以模拟两种效果，即 Arctic（北极圈）和 Sand Dunes（沙丘）。

⑥ Luminance：可以模拟 6 种效果，包括 Blinky's Sea（海浪）、Glowing Blue （发光的蓝色）、Glowing Green（发光的绿色）、Glowing Red （发光的红色）、Hades（地域）和 Lavaland（熔岩海）。

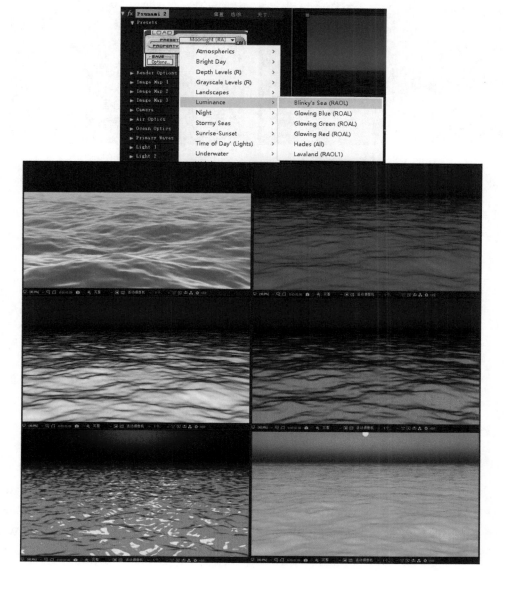

⑦ Night：可以模拟 3 种效果，包括 Blue Moon（蓝色月光）、Martian Moonrise（火星和月光）和 Moonlight（月光）。

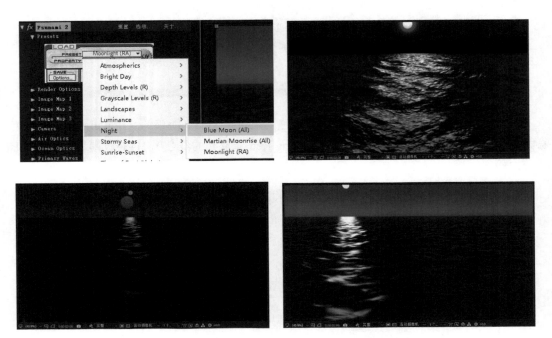

⑧ Stormy Seas：可以模拟出 In a Blue Fog（蓝色雾气下）效果。

⑨ Sunrise-Sunset：可以模拟 5 种效果，包括 Big Gold Sunset（金色太阳）、Lucy in the Sky（天空中的露西）、Neptune's Moon（海王星的月亮）、Reflections of Fire（火焰反射）、Sun Over Mordor（太阳照耀着莫多）、Sunrise Bloom（日出绽放）、The Big Egg（大鸡蛋）和 World in Red（红色世界）。

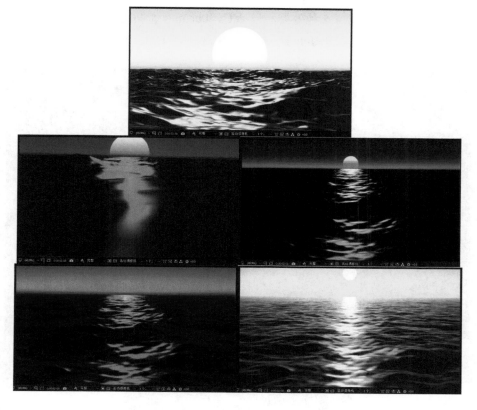

⑩ Time of Day' (Lights)：可以模拟 26 种效果，分别以 26 个字母为标题，时间从 5:55 至 6:40 每 5 分钟一个预设效果，从 7:00 至下午 5:00 基本上是每 1 小时一个预设效果，从下午 5:40 开始恢复为每 5 分钟一个预设效果，一直持续到下午 6:00 太阳完全落下。

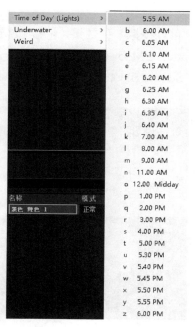

⑪ Underwater：可以模拟 5 种效果，包括 Caribbean（加勒比海）、Dark Water（黑水）、Evening Snorkel（夜间浮潜）、Polluted Lake（污染湖）和 Swimming Pool（游泳池）。

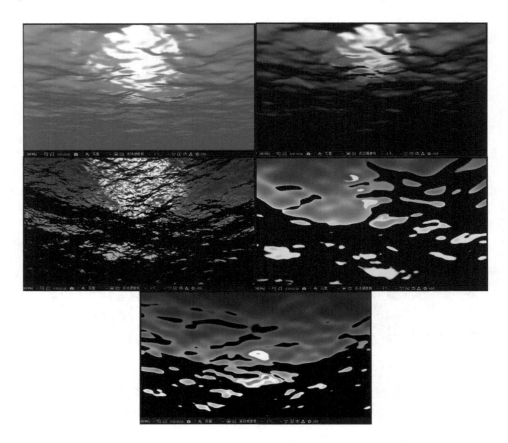

⑫ Weird：可以模拟 8 种效果，包括 Golden Explosion （金色爆炸）、Lucy in the Sky（露西在天空）、Neptune's Moon（海王星的月亮）、Reflections of Fire（火焰反射）、Sun Over Mordor（莫多的太阳）、Sunrise Bloom（日出绽放）、The Big Egg（大鸡蛋）和 World in Red（红色世界）。

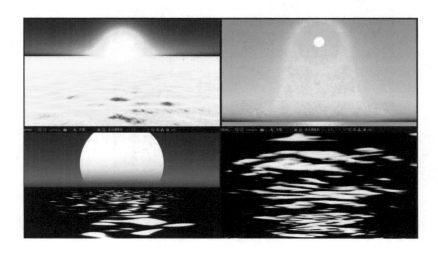

2. Render Options

Render Options 可以调节场景中所需要部分的模式，在 Render What 选项中有 4 个模式，包括 Air only（只渲染天空）、Water only（只渲染水部分）、Both Air and Water（渲染天空和大海）、Water only to Max Distance（只渲染距离最远的水部分）。Render Mode 选项有 8 个模式。

① Grayscale（灰度带图标）：相当于三维的顶部视图，并且用红色标识出了显示的区域。

② Grayscale：表示不带图标。

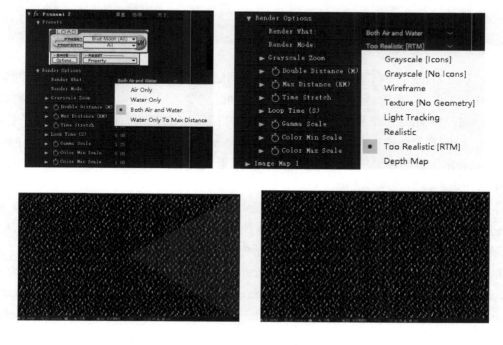

③ Wireframe：表示可以使用线条模式显示海洋轮廓。

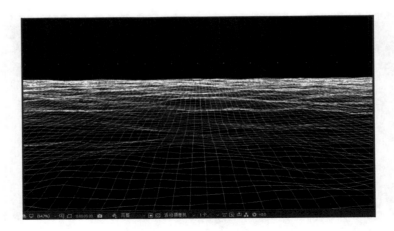

④ Texture：是插件默认的渲染模式。

⑤ Light Tracking：可以只渲染场景中光源所在的位置。

⑥ Realistic：比默认渲染模式占用系统资源更高，渲染的细节也更多。

⑦ Too Realistic：表示精度最高的渲染，使用了更多的折射、反射来表现明暗关系。

⑧ Depth Map：可以配合摄像机生成出逼真的景深效果。

Grayscale Zoom 可调节灰度层次，其数值越高则层次越多。Double Distance 可控制海水表面的渲染精度，以米为单位，当摄像机接近海面时需要适当调高，其数值越高则海面的细节越多。Max Distance 以千米为单位，用于控制海平面的延伸距离。Time Stretch 用于控制海面的运动速度，其数值越小则运动得越慢。Gamma Scale 用于控制画面的整体亮度。Color Min Scale 表示最小的颜色等级。Color Max Scale 表示最大的颜色等级，这两个可以和 GAMMA 等级配合来调整画面的整体亮度。

3. Image Map

Image Map 1、Image Map 2、Image Map 3 的属性参数可以为场景指定灰度或彩色图像作为纹理或反射和位移映像，它们的参数内容是相同的。Map Layer 用于指定贴图图层。 Map is 可以选择 7 种不同的贴图效果，包括 Displacement（位移）、Texture On Surface（表面纹理）、Texture Above Surface（表面上的纹理）、Texture Below Surface（表面下的纹理）、Displace + Texture On（位移加表面纹理）、Displace + Texture Above（位移加表面上的纹理）和 Displace + Texture Below（位移加表面下的纹理）。

Displace on 可以将某种属性作为位移使用，包括 Red、Green、Blue、Alpha、Luminance、Lightness、Hue 和 Saturation。

Displace Intensity 用于控制位移的强度，其数值越高则速度越快。Center X 和 Center Y 表示 1 像素对应 1 米，控制 X 水平和 Y 垂直方向的位移。Angle 可以调整灰度图层和贴图图层的位置，90° 代表东向，0° 代表南向。Scale X 和 Scale Y 可以在 X 轴和 Y 轴方向上缩放。Blur Amount 可以对画面进行模糊处理，去除反射上锐利的细节，

4. Camera

Camera 设置有 8 个可调节选项，包括 X East-West（东西）、Y North-South（南北）、Elevation（海拔）、Tilt（倾斜）、Pan（摇晃）、Roll（翻滚）、Field of View（视野）最大角度为 175 度，但镜头变形会非常大。

 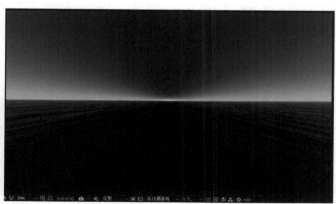

5. Air Optics

Air Optics 可以调节雾气、彩虹、厚度等属性。Scattering Bias 表示散射偏压。Haze On 表示薄雾。Haze Visibility 表示薄雾可见度。Haze Height 表示薄雾高度。Haze Color 表示薄雾颜色。Haze Diffusivity 表示薄雾扩散性。

Rainbow Style 包括 6 种效果：No Rainbow（没有彩虹）、Haze Rainbow（薄雾彩虹）、Clear Air Rainbow（清楚的空气彩虹）、Rainbow Radius（彩虹半径）、Rainbow Intensity（彩虹强度）和 Rainbow Thickness（彩虹厚度）。

6．Ocean Optics

Ocean Optics 用于控制水的颜色、发光、折射。Water Color 表示水的颜色。Water Color Scale 可以调节海水颜色的对比度，其数值越小则颜色越浅。Index Of Refraction 表示海水纹理的深度，其数值越小则纹理显示越淡。

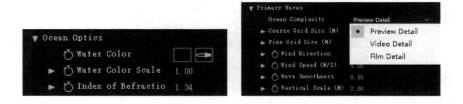

7．Primary Waves

Primary Waves 可以调节海面的复杂程度，其中 Ocean Complexity 可以设置 3 种不同的细节，包括 Preview Detail（预览细节）、Video Detail（视频细节）和 Film Detail（电影细节）。Coarse Grid Size 以米为单位可以设置海面的精细程度。Wind Direction 表示控制风向。Wind Speed 表示控制风速。Wave Smoothness 用于控制波浪的平滑度。Vertical Scale 用于控制波浪的起伏程度，其数值越大则起伏越大。

8．Light

在 Light 1 选项中，Ocean Complexity 为海洋复杂性，可以选择光源的作用对象，包括

Nothing（关闭光源）、Air（光源只影响环境）、Water（光源只作用于水）、Both Air and Water（默认作用于环境和水）。

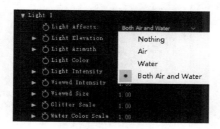

Light Elevation 为灯光仰角，可以调整光线的路径，从日出到日落，其中 0° 表示正上方，90° 表示海平面。Light Azimuth（光源方位）可以调整日升日落的方位。Light Color 可以调整海水的颜色。Light Intensity 可以调整光线的强度。Viewed Intensity 可以设置太阳的亮度。Viewed Size 可以影响太阳大小，但不影响光线的强度。Water Color Scale（水的颜色等级）可以区分两个光源颜色对于环境的影响。

9. Swells

Swells（涌浪）可以设置来自不同方向的两组浪涌参数。

Enable 中，1/2-Direction 用于设置涌浪移动的方向。1/2-Height 用于设置涌浪的高度，以米为单位。1/2-Length 用于设置任意特殊涌浪的平均长度，以米为单位。1/2-Roughness 用于设置涌浪的粗糙度，即通过添加自由度来打破规则运动。1/2-Oscillations 用于设置涌浪摆动的频率，其数值越大则波动越大。

Enable 有 4 种模式，包括 None（关闭涌浪）、Swell 1（打开第一个涌浪）、Swell 2（打开第二个涌浪）和 Both（打开两个涌浪）。

【实例】海底效果。

新建一个纯色图层，选择菜单命令"效果"→"RedGiantPsunami"→"Psunami"，在预设中选择"Presets"→"Underwater"→"Carribbean"，其默认效果是一个倾斜的海面，需要将视角调节到海底更深处。

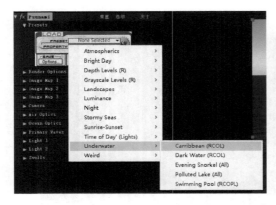
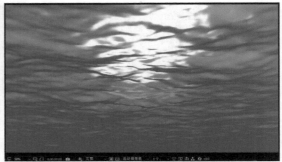

在 Camera 中设置 Elecation 为-30，Tilt 为 78，Pan 为 100，Field Of View 为 70。

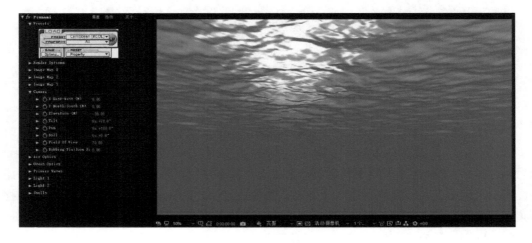

在 Ocean Optics 中修改 Water Color 为 G:50,B:150。

在 Primary Waves 中，调整 Coarse Grid Size 为 2，Fine Grid Size 为 0.2，用于增加波纹的细节。为了使波浪增加起伏可以调节风速 Wind Speed 为 9。

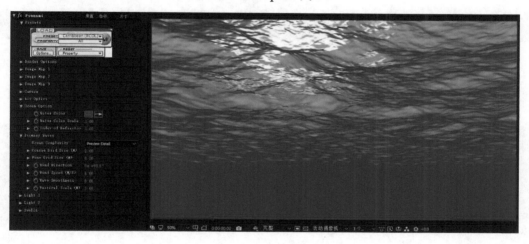

下面添加一个海底的光线射入，按 Ctrl+D 快捷键复制一个图层，然后选择"效果"→"颜色"→"色阶"，提取高光部分，输入黑色为 150。

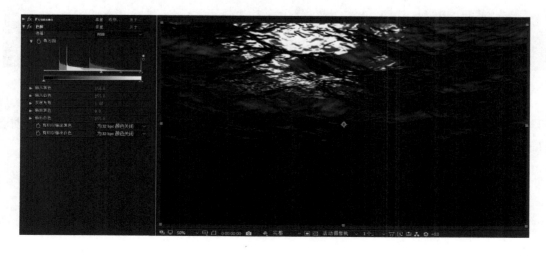

选择"效果"→"RG Magic Bullet"→"Shine"，设置 Colorize 为 None，Blend Mode 为 None，并调整中心点至左上。

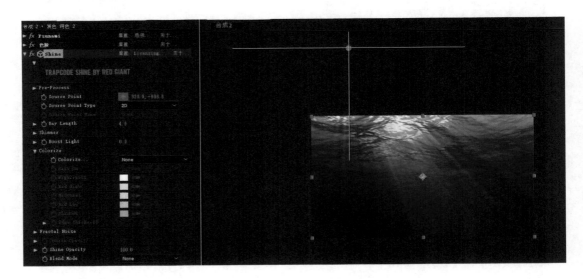

将调色图层和效果图层选择强光模式进行叠加，可以使画面更为透彻。

为了让海水稍微变亮一点，在 Psunami 中，将 Render Options 的 Gamma Scale 设置为 0.5。

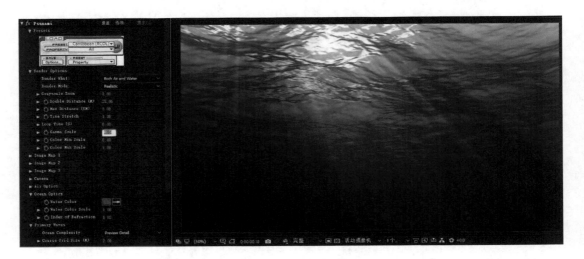

小结： Psunami 海洋效果插件可以快速模拟出三维的水效果。它非常适合电视节目的后期制作，其中预设了很多的效果，在细节参数的设置和调节上，为设计人员进行修改和创造留下了很大空间。

第4篇

硬　　件

第 10 章　工作站简介

10.1　工作站配置解析

AE 是一款用来合成设计和制作特效的视频处理软件，其对于硬件的配置要求比较高。例如，在低配置机器上需要渲染 2 天多的项目，在专业级的工作站中 2 小时就能完成，可以说配置无上限。

对于 AE 中的大部分渲染工作，CPU 会起 80%以上的作用；足够大的内存能够让缓存的空间更充沛，能够节省一部分时间；显卡对一些显示效果预览和三维效果有加速作用，但应用得不多。另外，如果内存不够用，AE 会调用磁盘（硬盘）空间作为渲染的缓存空间使用，因此硬盘也是要考虑的因素。下面从这几个方面进行解析。

1. CPU

在 CPU 的选择上多核心和高频率肯定是多核心占优势，但同样需要价格因素的衡量，至强级别的 CPU 同样有多种可选性，我们现在使用的非线性编辑系统工作站，使用的就是两颗 Intel Xeon Gold 6154 3.0GHz 18 核 36 线程处理器。

在系统家园网站 2021 年 7 月给出的 2021 年 CPU 性能天梯图中，至强系列 Xeon W-3175X 位居榜首。其主频为 3.1GHz，最高睿频为 3.8GHz，拥有 28 核心 56 线程，可以作为工作站 CPU 的首选。还有 AMD 阵营中的线程撕裂者 3990X，其拥有 64 核心 128 线程，超频性能极佳，最高达到 5.4GHz。

如果预算不多，可以考虑民用级的多核心高主频的 CPU，例如，Intel 酷睿 i9-10980XE，其拥有 18 核心 36 线程，全核心 4.8GHz，使用 Cinebench R20 测试也可以跑到 11000 分，是个人工作站不错的选择。

2. 显卡

显卡主要负责 AE 的实时预览效果，有时出现预览卡顿，其实并不全是 CPU 和内存造成的，因为显卡的显存和核心频率及位宽同样也会直接影响预览的实时效果。如果显卡不够好，不仅不能分担 CPU 的负担，还要过多地占用 CPU 的资源，反而会拖慢整个系统的运算速度。因为针对图像的运算并不是 CPU 的强项，有时 CPU 明明已经处于满负荷工作状态了，还是觉得处理速度很慢，这其实是因为显卡不给力，成为了负担。在 AE 中实时预览时出现卡顿情况，这时就应该考虑升级显卡了。另外，项目中如果使用到很多粒子特效、光线追踪、Element 3D 插件、MB 调色等功能，CPU 能够起到加速作用，提升 20%左右的预览速度。

NVIDIA 有专业的和游戏的两大系列，专业的有 Quadro 系列，常用的有 P4000、P5000、

P6000、RTX 6000、RTX 8000，具体配置参数非常高，使用 CUDA 核心、24GB 显存、GDDR5X 显存、384 位显存位宽，支持 8K 专业显示，针对三维设计和专业软件有特定的加速功能，价格昂贵。还有消费级游戏卡 GeForce GTX 系列主要应用于中低端显卡，还有就是 GeForce RTX 20 系列，显存位宽从 128 位、192 位、256 位、384 位，越高运算速度越快，型号从 RTX2060、RTX2070、RTX2080 开始，分为 SUPER 和 TI 两个版本，GeForce RTX2080 SUPER，具体配置参数为核心频率 1890MHz，GDDR6 显存，显存位宽 256 位，8GB 显存，性价比相对较高。

3. 内存

选定了 CPU 之后，其实内存的频率也就确定了。内存频率越高，运行速度越快，但内存频率同时还与 CPU 的频率相匹配，因为高了没意义，低了是拖累。

考虑到 AE 是一款非常"吃"内存的软件，所以内存在有条件的情况下可以参照主板的最大容量来配置。正常的 X299 主板最高可以支持 128GB 的内存，也就是 8×16GB。Z390 主板最高可以支持 64GB 内存，也就是 4×16GB。

从渲染加速的角度看，每个线程分别渲染各自的内容，而每个核心分别给线程分配内存作为保障，起到加速的作用。例如，10 核心 20 线程就需要 20GB 内存来辅助加速，剩下的内存大部分作为系统缓存使用。如果内存不够用，AE 会调用磁盘空间作为渲染的缓存空间使用，所以内存也是影响 AE 使用效率的一个很重要的环节。

4. 缓存空间

最后就是前面提到的缓存空间，是指用软件在本机硬盘上划出来的一块空间。用户可以手动指定其位置和大小。AE 需要调用磁盘空间作为渲染的缓存空间，因此磁盘空间要足够大。

现在的个人工作站，系统盘基本上都使用 SSD，但在工作中为了速度的保障还是建议再增加一块 SSD 作为工作盘，并根据日常工作量来决定其大小，可以加快调用数据文件的速度，还可以把缓存空间设置到 SSD 上以提升渲染速度，进而提升软件的运行速度。

总的来说，AE 渲染依靠 CPU+内存，实时预览依靠内存+显卡，我们要根据工作的复杂程度和投入的资金来配置自己的工作站。

10.2 4K 非线性网络

中央广播电视总台（简称总台）2018 年 10 月 1 日开播 4K 试验频道，为保障频道的自制节目量，在复兴路办公区新建设了 4K 超高清后期制作系统（超高清制作岛 3），适配现址高清兼容 4K 演播室及 4K 演播室的节目录制，从整体上提高了节目制作能力及制作效率，满足大规模生产模式下的素材交换、节目制作，以及监看/指标计量、素材文件备份功能。

超高清制作岛的网络架构

在超高清制作岛 3 系统建设之前，台内已经建设了超高清制作岛 1 和超高清制作岛 2，采用单机模式工作，以应对 4K 节目的工艺研究和非演播室类 4K 节目的制作需求。

随着演播室的改造和频道开播，节目的制作形态及复杂度极大提升，常规 4K 后期制作系统采用索尼的 XAVC 作为编辑码率。XAVC 编码以较低的编码速率展现了较高的画质，并在多代复制时质量损失较低，其作为播出格式是比较理想的选择。

超高清制作岛 3 不仅支持常用的 XAVC OP1A MXF 格式，还支持 DNxHR HQX，ProRes 422 HQ 及 4K 摄影机原生编码及 RAW 编码等。针对节目类型的差异，在制作阶段尽量以较高码率进行编辑，以降低后期制作环节对画质的伤害。系统从方案设计上考虑多码率支持，根据节目需求采用合适的码率来进一步提升画质。

另外，网络架构是承载后期制作的核心设备，超高清网络应针对多编码编辑提供支撑。总台已经建设完成的高清制作系统全部采用 1Gb/s 网络，高清编码采用 120Mb/s DNxHD 格式，单条链路可支持稳定的 6 轨高清文件实时编辑。

但是，由于 4K 节目制作主流编码格式采用 XAVC、DNxHR 和 ProRes 格式，其中，码率最低的 XAVC 为 500Mb/s，ProRes 为 960Mb/s，DNxHR 为 1.4Gb/s。原来使用的 1Gb/s 网络完全不能实现承载。

因此，超高清制作岛 3 系统将采用 10Gb/s 网络方案，40Gb/s 上行方式，解决了客户端访问与存储之间的瓶颈问题。

名　　称	制作/交换			传统播出	流播出	
编码	ProRes 422 HQ	DNxHR	XAVC	XAVC-I	H.264 (AVC)	H.265(HEVC) AVS2
分辨率	3840×2160 像素					
采样	4：2：2			4：2：2	4：2：2	
量化	10 位					
GOP 结构	帧内（I 帧，GOP=1）			帧内（I 帧，GOP=1）	帧间（IBP 帧，长 GOP）	
文件格式	MOV	MXF	MXF	MXF	—	
码率/ (Mb/s)	24P	707	699	240	240	27～46	14～23
	25P	737	727	250	250	28～48	14～24
	50P	1475	1457	500	500	56～96	28～48
	60P	1768	1749	600	600	67～115	34～58

超高清制作岛 3 中的设备配备情况如下。其中，4K 非编工作站全部使用视频编辑软件 Avid Media Composer。

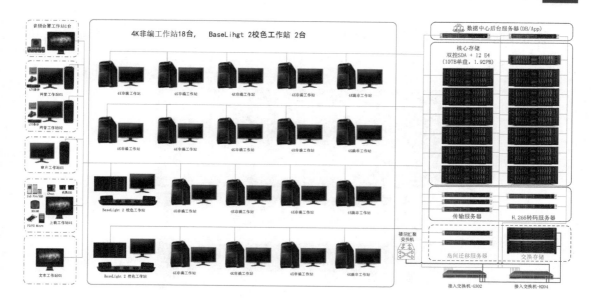

Nexis 存储平台是面向视频行业的专用 IP 存储平台，支持冗余控制器，提供 10/40 Gb/s 网络接口，设备及文件系统的安全性可满足系统要求，为系统内所有设备的共享编辑提供支持，并具备良好的扩展能力。Nexis 存储平台由多个磁盘阵列组成，可以实现存储容量及带宽的线性增长。磁盘阵列可以根据需要设置软件分区，称为 Media Pack。理论上，每座磁盘阵列最多可以支持 64 个 Media Pack。

岛内核心存储采用 Nexis 存储平台，由 12 座 Nexis E4 磁盘阵列组成，即 12 个存储节点。根据需要，将一个存储节点划分为两个 Media Pack。这样，我们将岛内核心存储划分为 24 个 Media Pack，其中，2 个 Media Pack 作为系统盘，用于加速或存储元数据（Metadata），2 个 Media Pack 作为热备盘（Spare）。

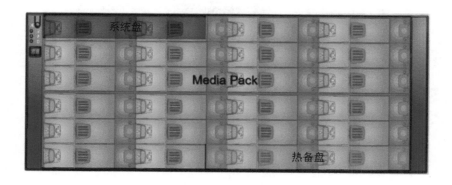

每个 Media Pack 由 10 块单盘（10TB 的 SATA 磁盘）组成，具备 100TB 的裸容量（其中有效容量 80TB）。因此单个存储节点将具备 200TB 的裸容量（其中有效容量 160TB）。所以，岛内核心存储的总体裸容量为 2.4PB（其中有效总容量为 1.92PB）。

每个存储节点的有效带宽为 6.4Gb/s（800MB/s），因此核心存储的视频编辑有效总带宽可以达到 76.8Gb/s（9.6GB/s），满足 DNxHR HQX + XAVC 双编码工作需要。

核心存储还配备了双控 SDA（存储管理服务器），实现了主备双控。另外，4 路电源同时供电，最多时可以停用两个，让岛内数据获得最大程度上的保护。

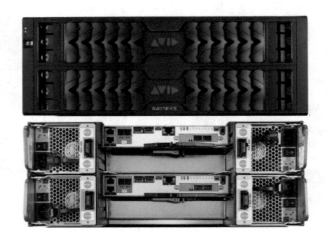

非编客户端使用双 10Gb/s 网络接入（比单路带宽更高，达到原有速率的 1.5 倍），40/100Gb/s 网络互联与上下行速率，演播室素材落地到交换存储中，转码服务器调用文件转码至核心存储，交换存储中的素材起到双素材备份的作用。数据流磁带库由网管手动备份，实现数据安全多重保障。

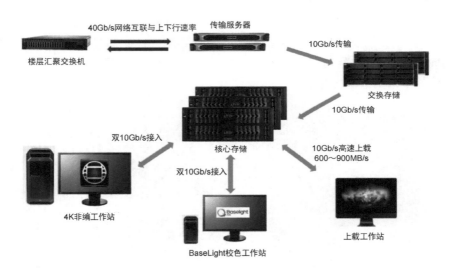

核心存储为所有后期工作站提供在线访问，实现共享编辑。核心存储的总带宽是考量系统总体 I/O 能力的标准。在客户端实现多轨复杂编辑时，工作站与存储的带宽与 QoS（Quality of Service，服务质量）是重要保障，直接决定了非编的实时轨数。

Nexis 存储平台提供了客户端软件，为各工作站提供了有效的 QoS 控制及带宽限制与带宽预留功能，方便系统管理员对前台工作站、后台服务器进行有效的调度，合理利用整个网络带宽资源。

通过客户端软件及优化的传输协议，使用单条 10Gb/s 网络，其读带宽可达到 8Gb/s，远远高于传统的 CIFS 协议和 NFS 协议在 10Gb/s 网络上的表现。客户端软件同时提供多条链路的带宽聚合功能，两条 10Gb/s 网络聚合之后，总带宽达到 12.8~14.4Gb/s。另外，客户端层面提供的聚合能力，不依赖于交换机的复杂配置，为本系统的 XAVC 多轨编辑和更高码率的 DNxHR 多轨编辑提供了有效保障。

Nexis 存储平台支持跨多座存储阵列形成存储池，工作时所有存储引擎（Engine）同时承诺访问请求，数据被分散写入所有的磁盘中，由一套网络直接承载，无须其他后台的网络再对数据进行打散。

Nexis存储阵列	逻辑块
	C-1
	C-5
	C-2
	C-6
	C-3
	C-7
	C-4
	C-8

超高清制作岛 3 设计时，其存储设备采用大容量 SATA 硬盘，而不使用更高性能和更高成本的 SSD。存储设备到交换机的链路采用冗余 10Gb/s 网络接入方式，在性能与性价比之间达到平衡。

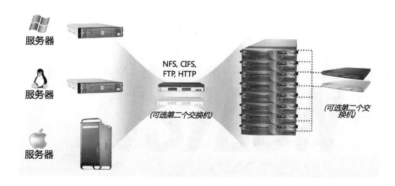

在架构方面，其分为前端及后端两个网络。数据访问请求被发送到某个节点或某个节点的某个端口上。在单个数据量较大时，每个节点或每个端口承载的访问请求将变少。例如，一个用户发起的写请求将由某个节点承载，再通过后端网络分片打散，并写入所有节点；读取数据时为相反的操作。

超高清制作岛 3 根据机房布局设计为三个独立区域，部署 10Gb/s 网络接入交换机，接入交换机与中心机房汇聚交换机采用双 40Gb/s 网络连接，汇聚交换机 40Gb/s 网络连接楼层交换机，并上行至全台网络。接入交换机为客户端提供 10Gb/s 网络端口，满足客户端的双

10Gb/s 网络接入需求，由 SDA 为不同的用户分配不同的带宽，满足 4K 节目编辑的 XAVC 标准码率和 DNxHR HQX 超高码率需求，实现多轨实时编辑。

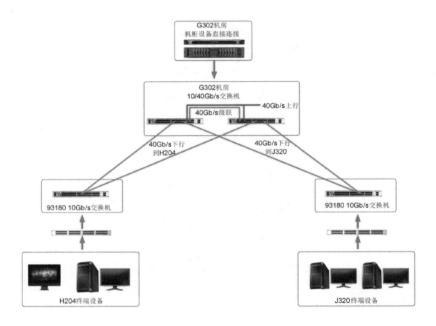

10.2.2 音频合署工作流程与音频协同工作模式

超高清制作岛 3 核心存储中划分部分空间与现址音频岛实现共享，使用输出的 AAF（Advanced Authoring Format）文件，为音频岛提供参考视频画面和带有所有剪辑点的音频编辑线，音频岛通过岛间交互流程，提供分轨成品音频文件并携带音频技术标准审核信息，写入超高清制作岛 3 核心存储，节省了人力传送带来的时延，由于能够识别编辑点，方便了音频岛对剪辑后的音频再次进行编辑，回岛后可使用音频工作站环绕声环境对成品文件进行监听。

音频合署功能的网络如下。

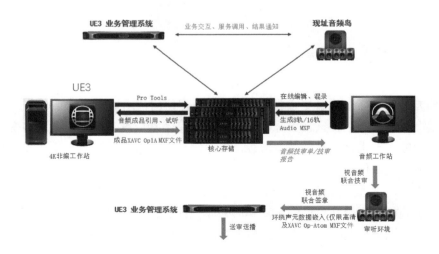

超高清制作岛 3 系统中部署了专业音频工作站，采用业内主流的 Pro Tools 软件。视频编辑软件 Avid Media Composer 与音频编辑软件 Pro Tools 可以紧密结合，实现一体化的视音频协作。

紧耦合的音频协作方式可以解决跨系统交互导致的音频轨道数量受限、视频编辑时需要将多音频轨合并为立体声或 8 声道、剪辑点缺失等问题，为同一系统环境下分离的视音频交互创造了良好条件。

Pro Tools 可以引用 Avid Media Composer 的单轨参考视频和多轨时间线，包含全部音频剪辑点及淡入淡出、电平调整等音频效果。但是，Pro Tools 的视频编/解码能力较弱，不支持视频的多轨编辑及显示，所以需要从 Avid Media Composer 中 Mixdown（生成）一个低码流的视频文件作为参考。XAVC Op-Atom MXF 文件为分离的视音频文件，所以能够被 Pro Tools 直接使用。Avid Media Composer 通过 AAF 文件将时间线结构提交给 Pro Tools，可以充分保留视频编辑时所有的音频轨道、剪辑点信息。可见，两个工具可以各司所长，分别处理节目的视频部分和音频部分，形成最有效的协作机制。

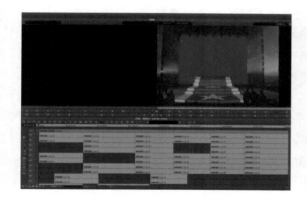

在超高清环绕声元数据嵌入方面，总台在高清节目制播标准中设计了无编码的杜比环绕声制作流程，从收录、制作、媒资存储全部采用 PCM 无压缩音频，由播出系统完成从 PCM 音频到 Dolby D 编码的转换，这样能够减少中间的质量损失。音频后期制作时，每档节目的环绕声元数据是不同的。从音频后期将当前节目的元数据传递到播出域，在标准中进行了规范化。在 SMPTE（同步时间码） 382M 中封装 BWF（Broadcast Wave Format，广播格式）中携带的元数据时，部分元数据在 MXF 标准中有相应的定义，可以直接对应。对于一些没有定义的元数据，可通过音频描述文件中的 BWF 模块 WaveAudioPhysicalDescriptor::UnknownBWFChunks 来携带它们。

环绕声元数据在播出域是逐帧添加，现代化自动播出系统可根据节目单及媒体文件中嵌入的环绕声元数据进行动态切换，实现立体声节目、带环绕声元数据节目及频道定义的通用元数据的自动选择。后期制作时，重点节目嵌入环绕声元数据，普通节目则使用频道的通用元数据定义即可。

音频技术审核单的携带网络流程图如下。

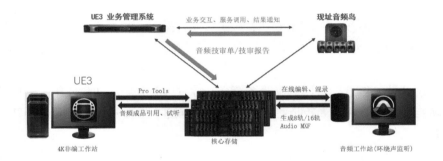

在制作域，实现环绕声元数据的携带基于 XAVC Op-Atom MXF 音频文件实现，且音频采用 BWF 封装。将由音频后期系统混录完成的音频文件嵌入相应的元数据到环绕声轨道中，此文件经视频后期到媒资系统再到播出转码之前，不可以重新生成，否则将导致元数据丢失。

高清制播流程采用 DNxHD 120Mb/s XAVC Op-Atom MXF 作为成品文件，视音频协同工作模式保障了流程的畅通性。

而 4K 节目采用 XAVC Op1A MXF 文件作为主编辑格式和编出格式，文件统一由视频后期系统生成，在音频制作环节生成带元数据的音频不能贝有效地携带到下一流程中。

超高清制作岛 3 采用的 XAVC Op-Atom MXF 文件作为私有标准，有效地解决了带宽占用及视音频协作问题，也为环绕声元数据的携带提供了思路，Avid Media Composer 采用私有封装方式的 XAVC Op-Atom MXF 文件，不能被其他通用系统所识别。

总台对此封装格式进行了修改，将与各厂商协作，修改 XAVC Op-Atom MXF 音频 AES 容器变更为 BWF 容器，解决存储位置问题，同时解决多厂商的文件格式兼容性、4K 节目的环绕声元数据携带以及未来全景声元数据携带问题，并提交 SMPTE 进行标准化，实现创新视音频协同工作模式，有效解决超高清环绕声音频元数据嵌入问题。

10.2.3 与演播室系统交互

超高清制作岛 3（UE3）使用 EMK（Enterprise Media Bus 4K）系统及 EVS（Erdman Video Systems）系统与演播室进行交互，实现了首个 4K 网关传输、首个基于 EMK 系统的万兆网络交互习题。在春节、元宵等大型晚会中，本系统与演播室 EVS 系统的直连方案是保障大型节目录制、制作安全的重点链路。除直连链路外，演播室内部部署了 4K 版本的网关服务器，与 EVS 系统进行数据交换，实现了自动化的文件迁移流程。

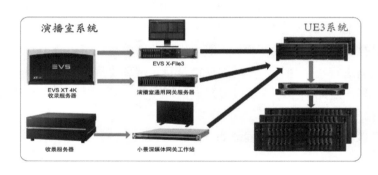

超高清制作岛 3 主要面向复杂综艺节目制作，总台综艺节目录制有以下两种形式。

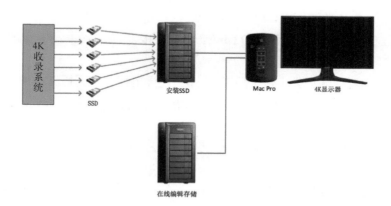

第一种形式为高清兼容 4K 方案。演播室内的摄像机更新为 4K 型号，演播室导控切换系统使用高清的模式，原有的高清制作、制播流程不变，为演播室提供独立的 4K 收录系统，以旁路方式收录所有讯道的 4K 信号，并将高清切换台的切换动作匹配到 4K PGM 合成服务器中，形成与高清 PGM 相同的 4K PGM 版，用于后期编辑参照。收录文件记录到服务器专用的 SSD 中，以介质的形式提供给后期制作系统。

第二种形式为新建的完整 4K 演播室的信号录制。演播室内配备完整的 4K 摄像机，后端配备 EVS、索尼等 4K 录制服务器，通过演播室网关设备将演播室素材与本系统进行交互，演播室系统通常可录制 PGM、Clean、单挂等多路信号，为后期制作系统提供 4～6 路 4K 视频文件用于精编，并支持边收边传的高时效模式。

超高清制作岛 3 设计时，充分考虑了成本、性能及系统连接的便捷性，在演播室系统与本系统存储之间，提供大容量交换存储。

① 为演播室交互素材提供一个较长周期的备份空间。

② 为演播室设备或岛间迁移设备提供标准的网络访问协议，简化网络访问方式及系统耦合性。

③ 内部服务器完成入岛文件到在线编辑区的迁移及解复用，提高系统安全性，并确保在线编辑、存储访问可控，跨岛数据迁移时不会影响制作业务。

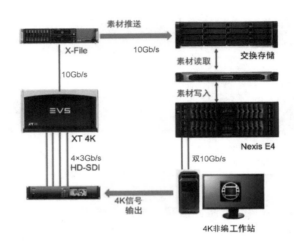

系统方案设计时，先搭建子测试环境，对演播室与本系统的岛间文件传输进行功能可行性验证与迁移性能测试，并以 EVS 系统演播室服务器为例进行测试。

演播室服务器支持边收边传的工作模式，在演播室节目收录到几帧之后即可开始传输。对于非体育类延时播出的演播室，通过采用 30 分钟进行分段，即 EVS 系统各通道收录了 30 分钟后，收录任务不停止，通过后由 IP Director 或 XFile 之类的网关设备发起文件推送流程，实现边收边传。

EVS 系统内部对传输任务进行了限速，确保不会影响优先级别更高的收录任务，传输带宽被限定为 3Gb/s。EVS 系统提供了采用标准 CIFS 协议的交换存储方式，存储性能高于带宽需求。

而从超高清制作岛 3 提交小片到演播室也是常态，EVS 系统的部分通道作为演播室 4K 信号的回放设备，可以回放到大屏等设备上。

EVS 系统与超高清制作岛 3 的交互测试进行了 XT 服务器无负载情况的测试，多文件传输可实现 2.4Gb/s 的最大传输带宽。EVS 系统同样对服务器的写带宽进行了限定，确保不影响服务器的正常收录或播放工作，后台传输的优先级更低。

超高清制作岛 3 与演播室系统的交互实现了：①支持演播室外部收录系统介质入岛，岛内上载工作站适配，实现高速上载；②支持基于 4K 演播室的网关服务器跨 EMK 系统的岛间交互方式，万兆网络连接满足性能效率需求；③为大型重点综艺节目预留了与 EVS 系统的直连链路，实现双向素材交互，并可以用作 EMK 系统岛间交互的备份链路。

10.2.4 超高清校色解决方案

Baselight 作为顶级专业调色系统在电影调色中有很好的口碑，提供智能高效的校色方案，支持电影和电视的母版级校色，在与后期制作系统的交互中，其优势尤为突出。

通过 Baselight for Avid 调色插件可以使用 Turelight 色彩管理系统，实现 Baselight 校色工作站 80%以上的功能；支持 DRT（从工作色彩空间向不同显示色彩空间进行转化）显示技术，使用 Baselight 独有的 T-Log 曲线和 E-Gamut 色彩空间，能够完美保留摄像机拍摄的画面色彩细节；利用插件可以完成素材的色彩空间管理、转换及插件式快速校色流程。

Baselight 2 高端校色系统基于双至强工作站和 4 路高性能 GPU，内置 80TB 的 RAID 60 存储系统，可实现 4K 镜头的实时渲染，以及无限调色图层、遮罩、跟踪、关键帧和 Truelight 色彩管理等功能。

在原始设计的校色方案中采用 BLG（Baselight Grade）方式。BLG 文件是以 OpenEXR 格式保存（低分辨率图像+校色元数据）的。每个镜头的 BLG 元数据产生一个 OpenEXR 文件，包含多重轨道调色信息、LUT 曲线及套底的元数据、关键帧和色彩调整信息。

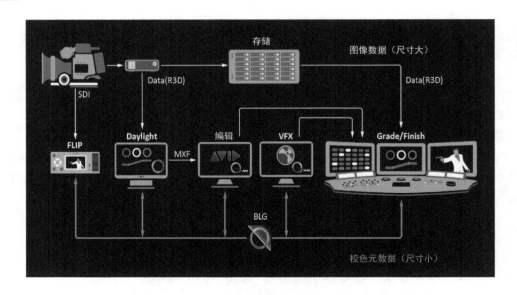

在实际工作中我们发现，基于 BLG 文件直接交互的方式，处理复杂的时间线时经常会发生局部镜头无法套用的情况。根据以往的工作经验，AAF 文件中可以嵌入视音频及其他数据文件，例如，音频编辑软件 Pro Tools 与视频编辑软件 Avid Media Composer 的交互即采用此种方式，支持 AAF+分离视音频文件模式和 AAF 嵌入视音频模式。另外，视音频文件通常尺寸较大，导入音频编辑软件时需要进行文件解包，总体效率不高。而 BLG 元数据尺寸非常小，只有 MB 量级，同时可以不产生 OpenEXR 缩略图。

针对这种情况，厂商为本项目定制开发了基于 AAF 的 BLG 元数据嵌入方式，Avid Media Composer 发送一条时间线给 Baselight。完成复杂校色后，Baselight 生成一条新的时间线保存在 AAF 文件中，其内部嵌入了所有镜头的校色元数据。Avid Media Composer 加载带校色元数据的 AAF 文件时，将自动为镜头添加 Baselight 校色插件，并按镜头加载对应的 BLG 元数据。这样，用户无须再手动进行加载或按时间线进行加载，降低了出错概率，使得单个 AAF 文件的交互更为简单。

FilmLight 提供了 Baselight 校色插件，可以将其安装到 Avid Media Composer 软件中。插件提供了 Baselight 独有的色彩管理功能，是目前最先进最准确的 Turelight 色彩管理系统，能够实现 Baselight 校色工作站 80% 以上的功能。

利用 Baselight 插件，Avid Media Composer 可以调用 Baselight 预设的色域、色彩空间转换模型及显示处理技术，将摄像机色彩空间释放到更大的 T-Log 曲线和 E-Gamut 色彩空间中进行处理。

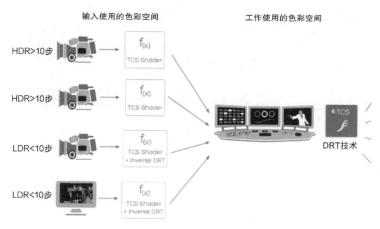

通过专有的 DRT 技术实现色彩模型的数字运算，其转换精度与专有的 Baselight 校色工作站持平。

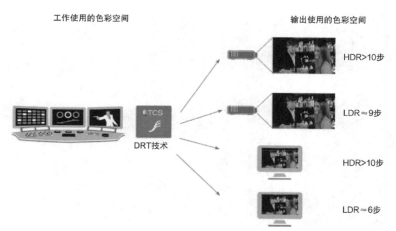

基于 Baselight 插件，可以实现常规综艺节目的复杂校色，但限于工作站硬件的架构及配置，插件的渲染方式低于专用硬件的性能，比较适合二级校色层数不多的场景。

Baselight 是基于多块高性能 GPU 的校色工作站。多 GPU 渲染技术可实现复杂校色的高效渲染，4K 场景下可实现实时渲染，复杂校色场景下可实现更多的二级校色。

基于 HDR 完成的校色，经过科学计算，能够以最佳的显示效果被变换为 SDR 版本或其他色彩空间与曲线。Baselight 专用的色彩空间大于 ACES 色彩空间，保留了原始画面的所有细节，并在母版上进行呈现。

基于强大的硬件处理能力，DRT 显示技术可以实现一次调色多母版发布。

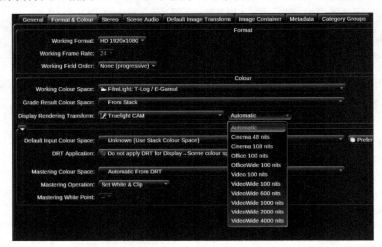

Baselight 支持 Dolby PQ 流程，连接 Dolby CMU，为每帧画面产生元数据，按照最高 10000nit（cd/m^2）的亮度完成母版制作，适配于不同院线环境的亮度版本，根据元数据可自行生成，并产生电影的 DCP 发行版或常用的序列帧格式、广电行业常用的文件格式（MOV、MXF、MP4 等）。

基于插件方式的快速校色和基于 Baselight 校色工作站的母版级高级校色可以实现互通，使纪录片、复杂综艺节目的校色流程化。Baselight 校色工作站可以生成完整的时间线渲染文件和分镜渲染文件，用于后期制作系统的字幕添加、混音、送审送播等流程。

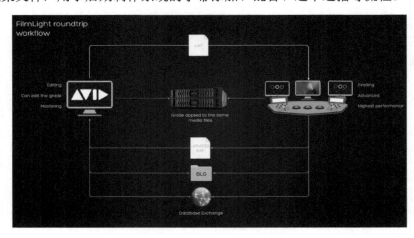

除了基于渲染文件的交互流程，FilmLight 还设计了基于 BLG 的交互流程，将 Baselight 的校色成果保存为 BLG 文件，提交给安装插件的编辑平台，编辑平台通过插件加载 BLG 文件，将高端校色工作站的复杂校色效果、参数设置加载到其他编辑平台中，再通过编辑平台本身的处理能力进行渲染，并可以对参数进行调整。

Avid Media Composer 加载 Baselight 插件后，打开 BLG 文件，可以将高端校色工作站的效果套用到当前镜头中，通过 Lens Settings 可以实现整条时间线全部镜头的 BLG 数据加载。

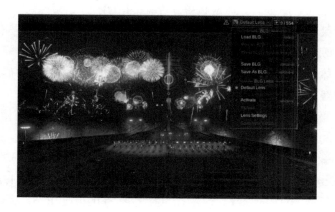

10.2.5 高清与 4K 字幕的自动适配

超高清制作岛 3 是面向总台复兴路办公区演播室大型节目制作的，是 1 号厅和 800 平方米演播室录制节目的主要承载系统。1000 平方米演播室用于 4K 节目和高清节目的同时录制。高清节目则由高端制作岛 5 系统承载。这两个系统由同一个科室管理和运行，由同一个集成商完成软件开发与系统集成，后期制作人员为同一个团队，两个系统天然具备比其他系统更密切的关系。

演播室高清节目收录文件和演播室 4K 节目收录文件由不同系统和不同设备组成，文件分段、时间码完全不同，因此剪辑层面的耦合比较不容易实现，而后期制作过程中非常重要的字幕制作耦合相对比较容易。另外，实现一次字幕制作跨双系统应用将有效减少后期制作人员的重复劳动，降低工作强度。

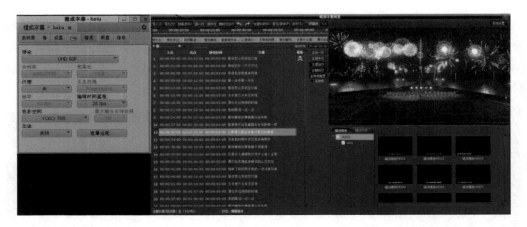

集成商为两套系统的 Avid 提供 TurboCG 字幕插件。由于系统建设时间不同，导致软件、字幕插件开发接口不同，最终的插件版本也不相同，集成商通过 AVX 2 插件开发体系，对字幕插件进行调整，使其兼容不同版本 Avid Media Composer，同时将 TurboCG 本身的字幕项目文件单独保存起来，导出后作为两个系统交互用的文件，可以包含更多信息，方便字幕在两个系统中的应用。

超高清版本使用的字幕插件，对应调整了字幕的渲染方式，升级为 10 位，适配 4K 节目色彩深度需求，确保了文字边缘不会出现锯齿，满足质量要求。为了适应不同分辨率字幕的定位需求，插件内要解决字幕像素宽/高到字号的转换问题，并在新分辨率下重新计算字幕在新画布窗口中的具体位置，因此始终采用 TrueType 矢量字显示模式，并确保矢量文件与原位置匹配，仅在时间线最终渲染和 Mixdown 时才转换为像素。

为了适配不同码率，字幕软件内部将时间码和帧速率由原来的绝对值变更为相对值，其基于矢量字幕在时间线中的绝对长度，而不采用绝对的时:分:秒:帧方式。从高清节目每秒 25 帧变为 4K 节目的每秒 50 帧时，将其自动换算为匹配新时间线新帧速率的时间码。例如，在高清节目时间线 00:01:30:13 第 1 秒处的字幕，内部转换为 1 分 30 秒+13/25 帧，在 4K 50P 节目时间线中基于每秒 50 帧的速率，内部计算后还原为 00:01:30:26，确保了高清版本和 4K 版本字幕位置的绝对一致性。

对于 HDR 节目，文字亮度与在 SDR 中有所不同，最终显示效果通过 EOTF 转换，100% 的白字在 HDR 信号中将达到 HLG 或 PQ 曲线的最高亮度值，完全不适合观看。字幕插件根据 HDR 制作的特性，为用户预设了不同亮度的模板，导入后可方便进行字幕亮度的控制，直接将颜色赋予文字

为了保障大画幅过渡色阶的连续性，4K 版本采用 10 位色彩深度，字幕项目在内部被自动转换为 10 位，字幕渲染全部基于 10 位量化，适配时间线的视频色彩深度，确保了文字边缘不会出现锯齿，满足质量要求。

提供了用户的颜色色板，可以还原为 8 位模式，RGB 或 HSV 色阶的调节为 0~255，符合原来用户的使用习惯，在软件内部将被自动转换为 0~1023。

HDR 字幕亮度按照 10 位的色阶进行取值，为用户预设好常用的亮度值。高清字幕项目导入或调整时，用户可直接选用预设好的亮度模板，无须再手动调整颜色，

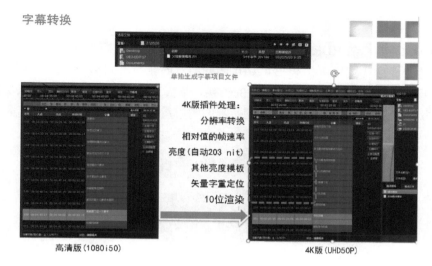

字幕转换

单独生成字幕项目文件

4K版插件处理：
分辨率转换
相对值的帧速率
亮度（自动203 nit）
其他亮度模板
矢量字重定位
10位渲染

高清版(1080 i50)　　　　　　　　　　　　4K版(UHD50P)

针对跨高清与 4K 同播，定制开发的字幕插件可实现高清版与 4K 版字幕项目文件的交互和自动适配，字幕跨分辨率的自动适配，4K 版节目直接引用高清版字幕项目，可以自动调整位置、时间码、色彩深度、分辨率和帧速率，支持 HDR 字幕亮度控制。

10.2.6　素材管理

1. 素材来源

素材按来源不同，可以分为以下 4 类。

① 演播室：编码为 XAVC Class300 的 MXF 文件。

② 主流 ENG（Electronic News Gathering，电子新闻采集）：索尼摄像机 XAVC 300MXF、阿莱摄像机 4K ProRes MOV、松下摄像机 AVC-ULTRA MXF。

③ 便携外拍设备，如大疆 H.264 MOV、GoPro H.264 MP4。

④ 外来小片文件，统一格式标准。

2. 素材颜色管理

超高清制作岛 3 能够识别多种输入文件色彩元数据，如 S-Gamut3.cine/S-Log3、S-Gamut/S-Log2、V-Gamut/V-Log、BT.2020/HLG 等。在编辑时，时间线支持多种色彩空间和 Gamma 曲线，如色彩空间 BT.2020、BT.709、S-Gamut3、Gamma 曲线 HLG、S-Log3、PQ、Gamma2.4 等。输出时，可以对每个镜头自动或手动进行 LUT 校正（支持主流厂商的 LUT）。

调色流程如下。

输入　　　　　　　　　编辑　　　　　　　　　输出

3. 素材转换硬件

索尼 HDRC-4000 的 HDR 转换器可以用于 HDR 和 SDR 的同步制作，可以对色彩空间和分辨率进行转换，实现 BT.709 和 BT.2020 之间的双向转换，3840×2160 像素和 1920×1080 像素之间的双向转换，HDR 和 SDR 之间的转换，即从 HLG 到 BT.709，还可以实现 HDR 和 SDR 节目的同步监看，其效果与 4K 下变换画面的质量相似。

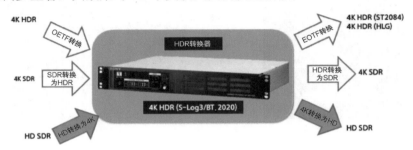

4. 素材上载介质

Promise Pegasus3 R8 RAID 系统：可以支持演播室的收录 SSD，以及普通的 SATA 或 SAS 硬盘，实现单盘到系统的自动加载，素材的高性能上载。

SxS Pro 读卡器：可以支持索尼 F5/F55 摄像机的 SxS 存储卡，素材读取速度不低于 400MB/s（3.2Gb/s）。

Cfast 读卡器：可以支持 Arri 系列摄像机，Thunderbolt 3 或 USB 3.0/3.1 接口，接口可直接供电，素材读取速度不低于 400MB/s。

P2/ExpressP2 读卡器：可以支持松下系列摄像机，提供 Micro P2 卡到 P2 卡的适配器，素材读取速度不低于 200MB/s。

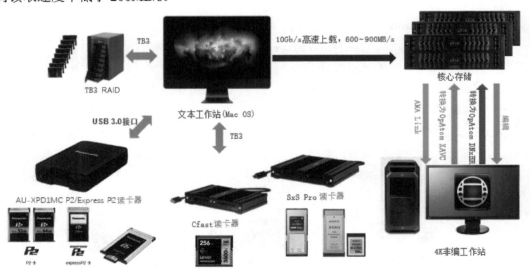

5. 素材的后期制作及调色流程

超高清制作岛 3 节目制作标准流程如下。演播室通过网关方式向超高清制作岛 3 推送 4K 素材，转码服务器自动进行封装转换（转封装），迁入 TurboWhere 中。技术人员开始编辑，编辑过程中，对于其他格式的素材，可通过非编软件对不同来源的素材手动指定 LUT 并校正颜色，从而达到节目整体色彩空间的一致性。编辑完成后提交内审，确定节目内容无修改后，使用 Baselight for Avid 插件按照播出标准对节目指标进行调整，生成 AAF 文件通过音频合署的方式与音频岛进行交互。编辑好的音频文件与视频合并生成播出文件，提交入库流程。系统后台自动完成封装转换，并提交给 UQC 进行自动技审。UQC 返回结果通知后，由有技审资格的技术员对高码文件和 UQC 结果进行技审，并核对技审单，确认无误后提交入库。

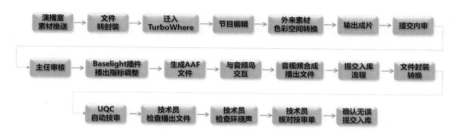

例如，直播类制作流程如下。

800 平方米演播室通过 EVS 直连方式与超高清制作岛 3 之间传送 4K 节目文件，经转码服务器封装转换至核心存储中。在 H204 Avid 4K 工作站中进行编辑制作，字幕通过高清版本字幕项目转换为 4K 版本字幕直接导入使用，流程采用内审现场审片方式，入库采用自由分段流程（每段可不固定时长，但不超 1 小时）。

外拍小片制作流程及 Baselight 调色流程如下。

外拍小片素材通过移动硬盘上载到核心存储中，在 Avid Media Composer 中进行合并转码后编辑，或 Link（未经转码直接使用）使用素材保留原始色域/Gamma 信息，在非编工作站中完成制作后可生成 AAF 文件。Baselight 调色工作站可调用该 AAF 文件进行高端校色。校色完成后，调色工作站将重新生成的携带调色信息的 AAF 文件返还给非编工作站。非编工作站将返还的 AAF 文件进行播出文件制作。

节目包装素材色彩空间转换方法如下。

使用 Baselight for Avid 调色插件可以在插件内部指定色彩空间并进行转换，通过 Video Grade 视频调色工具进行一级调色，将包装素材还原为正确的色彩显示。

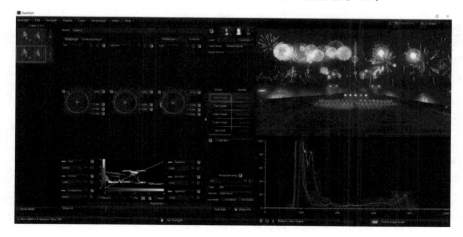

反侵权盗版声明

电子工业出版社依法对本作品享有专有出版权。任何未经权利人书面许可，复制、销售或通过信息网络传播本作品的行为，歪曲、篡改、剽窃本作品的行为，均违反《中华人民共和国著作权法》，其行为人应承担相应的民事责任和行政责任，构成犯罪的，将被依法追究刑事责任。

为了维护市场秩序，保护权利人的合法权益，我社将依法查处和打击侵权盗版的单位和个人。欢迎社会各界人士积极举报侵权盗版行为，本社将奖励举报有功人员，并保证举报人的信息不被泄露。

举报电话：（010）88254396；（010）88258888

传　　真：（010）88254397

E-mail：　dbqq@phei.com.cn

通信地址：北京市海淀区万寿路 173 信箱
　　　　　电子工业出版社总编办公室

邮　　编：100036